Patrzek / Scholer

Systemisches Fragen in der kollegialen Beratung

Andreas Patrzek / Stefan Scholer

Systemisches Fragen in der kollegialen Beratung

BELTZ

Andreas Patrzek leitet das Institut QUESTICON und unterstützt als Berater, Trainer und Coach öffentliche und privatwirtschaftliche Organisationen bei der Optimierung ihrer Gesprächsführung durch systemische Fragetechniken. Patrzek ist Autor der Fachbücher »Fragekompetenz für Führungskräfte«, »Wer das Sagen hat, sollte reden können« sowie »Systemisches Fragen«.
Kontakt: www.questicon.de sowie info@questicon.de

Stefan Scholer leitet die Aus- und Fortbildung der Landeshauptstadt München, ist nebenberuflich als »Systemischer Management Coach« tätig und berät Unternehmen wie Verwaltungen bei der Implementierung von neuen Lernformen in der Fortbildung. Er hat viele Artikel zum Thema »Kollegiale Beratung« veröffentlicht und dieses Verfahren erfolgreich bei der Stadt München als Personalentwicklungsinstrument für Führungskräfte etabliert. Scholer ist Autor der beiden Fachbücher »Wirksam weiterbilden« und »Führung im öffentlichen Dienst«.
Kontakt: stefanscholer@web.de sowie
www.scholer-coaching.de

MIX
Papier aus verantwortungsvollen Quellen
FSC® C089473

Dieses Buch ist erhältlich als:

ISBN 978-3-407-36661-0 Print
ISBN 978-3-407-29579-8 E-Book (PDF)

Lektorat: Dr. Erik Zyber
Herstellung: Myriam Frericks
Satz: paginamedia GmbH, Hemsbach
Druck und Bindung: Beltz Grafische Betriebe, Bad Langensalza
Umschlagkonzept: glas ag, Seeheim-Jugenheim
Umschlaggestaltung: Antje Birkholz
Umschlagabbildung: Stocksy © Cactus Blai Baules
Illustrationen: Jonathan Bachmann
Printed in Germany

Weitere Informationen zu unseren Autoren und Titeln finden Sie unter: www.beltz.de

Inhaltsverzeichnis

Die Icons bedeuten:

Beispiele

Tipps

Infos

Übungen/ Methoden

Literatur

Definition

Vorwort

Liebe Leserinnen und Leser,

lassen Sie uns mit einem Gedankenexperiment einsteigen: Stellen Sie sich vor, Sie suchen einen Kollegen in seinem Büro auf und beginnen ein Gespräch mit den Worten: »Hast du mal kurz Zeit?« Nach einem Nicken des Kollegen fahren Sie fort: »Du, ich hab da ein Problem mit dem Chef der Abteilung PE 215, und zwar ... (*hier schildern Sie in wenigen Sätzen die Problemsituation*) ... und ich bin nun ratlos, was ich tun soll!«

Fragen statt Ratschläge

Wetten, dass Sie in neun von zehn Fällen sofort einen Ratschlag oder Tipp bekommen, was Sie tun oder lassen sollten? Nun, werden Sie einwenden, dies sei an und für sich ja nichts Schlechtes. Stimmt, aber genau genommen gibt Ihnen der Kollege seinen Ratschlag völlig ins Blaue hinein, ohne mehr über die Vorgeschichte zu wissen: die Situation, das Umfeld, Ihre Gedanken usw.

Vergleichbar wäre diese Situation mit einem Arztbesuch, bei dem Sie über gelegentliche Magenbeschwerden klagen und der Arzt Ihnen nach zwei Minuten das Medikament Doloretraktumbellummenssain verum TC 23 empfiehlt – weil das ihm selbst hilft und vielen seiner Patienten auch. (Dass Sie sich in letzter Zeit fast nur von Fastfood ernährt haben und bei einem Fahrradunfall gestürzt sind, haben Sie natürlich nicht erwähnt.)

Die leicht provokante Eingangsszene war selbstverständlich nicht Selbstzweck, denn in einem weiteren Sinne wollen wir mit diesem Buch auch ein Stück provozieren – oder gemäßigter ausgedrückt: zum Nachdenken anregen –, geht es uns doch darum, zwei bislang getrennt gedachte Themengebiete zu verbinden und Ihnen einen erweiterten Ansatz vorzustellen.

Die beiden Themengebiete heißen Kollegiale Beratung und Systemisches Fragen. Sie sind zumindest Fachleuten hinlänglich bekannt, und es gibt inzwischen auch einige Literatur dazu. In unserem erweiterten Ansatz nehmen systemische Fragen und daraus abgeleitete Hypothesen im Kontext kollegialer Beratung eine zentrale Rolle ein. Empfohlene Maßnahmen oder Tipps dagegen (des Teams an den »Ratsuchenden«, wie sie in anderen Konzepten zu finden sind) treten in den Hintergrund.

Reflecting Partner als Prozessbeobachter

In unserem Kollegialen Beratungsmodell führen wir eine neue Rolle ein: Im Verlauf einer kollegialen Beratung kommt den beobachtenden Helfern – wir nennen sie Reflecting Partner – eine wichtige Bedeutung zu: Sie begleiten (neben einem Moderator) den gesamten Prozess und geben der Gruppe in Bezug auf ihr Frageverhalten Feedback. Dieses Buch enthält eine in dieser Form noch nicht angebotene Fülle an Material für die Auswahl und Formulierung von Fragen. Zudem sind wir Befürworter der (System-)Visualisierung, das heißt der grafischen Darstellung möglichst vieler Aspekte und Bezugspunkte im kollegialen Beratungsprozess.

System-Visualisierung als zentrales Element

Keine *Provokation*, sondern eine *Reduktion* im Sinne der Fokussierung bietet dieses Buch. Im Umfeld der kollegialen Beratung gibt es sicherlich eine Vielfalt weiterer Themenfelder und Techniken, die wesentlich zum Gelingen der Methode beitragen – z. B. logische Formalisierungen des Geschehens, Personenaufstellungen oder persönlichkeitspsychologische Merkmale der beteiligten Personen. Diese werden in anderen Büchern sehr gut beschrieben. Wir wollen uns an dieser Stelle jedoch auf ein Gebiet beschränken, das aus unserer Sicht bislang unterbeleuchtet ist: systemisches Fragen in der kollegialen Beratung. Dieser Schwerpunkt ist Folge einer in langjähriger Beratungspraxis gereiften Erkenntnis: Erfolgreiche Beratung entsteht in aller Regel durch wirksames Fragen!

Einleitung

Die Arbeitswelt und die Anforderungen an Führungskräfte haben sich in den letzten ein bis zwei Jahrzehnten grundlegend verändert. Die Aufgaben von Führungskräften und Schlüsselpersonen in Unternehmen, Organisationen und öffentlichen Verwaltungen werden komplexer. Erwartete man früher von Führungskräften und Entscheidern, dass sie stets wissen, wo es langgeht, und ihren Mitarbeitern den Weg weisen, so investieren Führungskräfte heute einen Großteil ihrer Zeit damit, sich Orientierungswissen zu verschaffen, um Entscheidungen überhaupt treffen zu können.

Lineare Ursache-Wirkungs-Ketten sind im betrieblichen Kontext immer seltener anzutreffen. Zur wachsenden Komplexität von Problemstellungen gesellen sich allgegenwärtige Phänomene wie eine mitunter rasante Veränderungsdynamik, eine nahezu permanente Beschleunigung von Prozessen und in der Folge erhöhte Arbeitsbelastungen für Führungskräfte wie Mitarbeiter in Organisationen.

Komplexität als Herausforderung

Die Zeit einfacher Lösungen ist also vorbei. Viele Problemstellungen sind nur mit Strategien lösbar, die der wachsenden Komplexität Rechnung tragen. Sind die Führungskräfte und die Personalentwicklung für die Herausforderungen einer zunehmend komplexen Arbeitswelt gerüstet? Wie können Unternehmen ihre Schlüsselpersonen dazu befähigen, diese Herausforderungen zu bewältigen?

Unternehmen und Organisationen werden nicht umhinkommen, vor allem Führungskräften und Schlüsselpersonen Werkzeuge an die Hand zu geben, die sie dabei unterstützen, mit komplexen Herausforderungen produktiv umzugehen. Und hierbei genügt es nicht, diesen Zielgruppen einfach Fortbildungskataloge in die Hand zu drücken. Gefragt sind arbeitsplatznahe Lernformen, bei denen nicht die theoretische Vermittlung von Lerninhalten, sondern der konkrete berufliche Kontext der Betroffenen im Vordergrund steht. Nicht nur die Unternehmen als Auftraggeber, sondern auch die Teilnehmer von Trainings werden anspruchsvoller und erwarten konkrete Ergebnisse, die sie in ihrem Arbeitskontext direkt verwerten können.

Was ist die Voraussetzung dafür, dass Fortbildungen und Personalentwicklung als Ganzes auch praktische Relevanz im Arbeitskontext entfalten können? Seit Langem ist bekannt, dass eine aktive Beteiligung der Teilnehmer in Trainings und anderen Fortbildungsformaten eine entscheidende Voraussetzung für den Transfer des neu Erlernten in die Berufspraxis ist. Auf Transfer im Sinne konkreter Folgen, die aus Qualifizierungsmaßnahmen erwachsen, richten heute alle Beteiligten ihr Augenmerk.

Die Aktivierung der Teilnehmer fördert den Lerntransfer

In der Fachöffentlichkeit herrscht weitgehend Konsens:

- Eine zukunftsfähige Personalentwicklung und Fortbildung setzt auf **arbeitsplatznahe** Lernformate. Fortbildungen werden stärker denn je auf die konkreten Anliegen der Zielgruppe und auf die spezifischen Herausforderungen des jeweiligen Arbeitskontextes zugeschnitten. Fortbildung von der Stange war gestern!
- Die Fortbildung der Zukunft ist **ergebnisorientiert**. Organisationen werden Qualifizierungsmaßnahmen jeglicher Art künftig stärker als bisher auf ihren konkreten Nutzwert hin abklopfen.
- Die **Selbstorganisation** der Fortbildungsteilnehmer gewinnt an Bedeutung. Diese übernehmen die Verantwortung für den Erfolg ihrer Lernprozesse.
- Trainer werden ein neues Rollenverständnis entwickeln (müssen!): vom Lernstoff-Vermittler zum **Lernbegleiter**.
- Informelles Lernen wird an Bedeutung gewinnen. Erfolgreiche Unternehmen machen sich den breiten **Erfahrungsschatz der Mitarbeiter** zunutze.

Alles Zukunftsmusik? Die schöne Welt von morgen, für die es heute noch keine adäquaten Lernformate und Praxisansätze gibt? Keineswegs. Denn mit der kollegialen Beratung liegt ein Format vor, das die Anforderungen der Zukunft schon heute geradezu idealtypisch erfüllt.

Kollegiale Beratung als das Format der Zukunft

Umso erstaunlicher, dass die kollegiale Beratung noch ein Nischendasein in Unternehmen, Verwaltungen und Organisationen führt. Zwar finden sich entsprechende Angebote in den einschlägigen Fortbildungskatalogen. Von einem Durchbruch im Sinne einer flächendeckenden Nachfrage und Anwendung wie etwa beim Thema »Coaching« kann aber keine Rede sein. Das wird sich ändern! Denn auch die kollegiale Beratung bricht in fundamentaler Weise mit einem überholten, »konsumorientierten« Fortbildungsverständnis und eröffnet vollkommen neue Wege sowohl für die Teilnehmer als auch für Unternehmen und Organisationen als Ganzes.

1. Beschreibung der beiden Komponenten

Mit der kollegialen Beratung und der systemischen Fragetechnik werden hier erstmals zwei Methoden kombiniert, die – jedes Instrument für sich genommen – sicherlich schon seit einigen Jahren in der Praxis der Personalentwicklung bekannt sind, in dieser Verknüpfung jedoch bislang noch nicht systematisch definiert und zusammengebracht wurden. So wird das Thema »Kollegiale Beratung« heute meist in der Führungskräfteentwicklung platziert, wohingegen man auf den Begriff des systemischen Fragens fast ausschließlich im Themenfeld Coaching stößt.

Systemisches Fragen ist im Coaching bekannt

Dass im Verlauf kollegialer Beratungen bereits heute – ob gezielt oder zufällig – systemische Fragen angewandt werden, soll nicht in Zweifel gezogen werden. Was aber bislang fehlt, ist eine systematische Kombination der beiden Komponenten.

Unser Brückenschlag zwischen kollegialer Beratung und systemischer Fragetechnik verfolgt mehrere Ziele: Zum einen soll die Methode der kollegialen Beratung erweitert und optimiert werden. Zum anderen sollen Führungskräfte und Organisationen für die ubiquitäre Kraft von Fragen sensibilisiert werden. Denn, so unsere langjährige Erfahrung: nicht nur im Alltag von Führungskräften, sondern auch in Unternehmen und Organisationen insgesamt, in der Personalentwicklung wie in Veränderungsprozessen wird zu wenig gefragt! Und es werden nicht die richtigen, sprich wichtigen Fragen gestellt. An den entscheidenden Fragen drückt man sich oft vorbei.

Die Kraft des Fragens

Wir werden also die kollegiale Beratung mit systemischen Fragen verbinden – und dies konsequent. Davon profitieren Führungskräfte gleich doppelt: Sie erhalten nicht nur völlig neue Perspektiven und Handlungsoptionen für ganz konkrete Anliegen und Probleme, sondern erwerben darüber hinaus ein höchst wirksames Instrument zur Analyse komplexer Situationen und zur Gestaltung von Kommunikation. Konsequent angewandt, hat die kollegiale Beratung mit systemischen Fragen erhebliche (positive!) Auswirkungen auf die Führungskultur einer Organisation.

Dieses Kapitel erläutert ausführlich die Grundlagen der beiden Instrumente. Wir werden beschreiben, wie kollegiale Beratung praktisch funktioniert und wie systemisches Fragen konsequent in dieses Instrument integriert wird. Nicht zuletzt zeigen wir auf, an welche Voraussetzungen die erfolgreiche Implementierung des neuen Formats »Kollegiale Beratung mit systemischem Fragen« geknüpft ist.

1.1 Was ist kollegiale Beratung?

Kollegiale Beratung ist strukturiert

Kollegiale Beratung ist ein strukturierter Unterstützungs- und Lernprozess zur Lösung konkreter Herausforderungen im Arbeitsalltag. Sie ermöglicht es, konkrete berufliche Probleme, die in der Regel von einer Person eingebracht werden, in einer Gruppe mit anderen Personen zu reflektieren und gemeinsam neue Lösungen für die bestehende Herausforderung zu entwickeln.

Kollegiale Beratung verbindet Kollegen

Dabei ist kollegiale Beratung alles andere als ein netter Plausch unter Kollegen, wie der Begriff vielleicht fälschlicherweise suggeriert. Der Wesenskern der kollegialen Beratung ist vielmehr eine zwar einfache, aber feste Grundstruktur, die zwingend eingehalten werden muss. In diesem Sinne ist kollegiale Beratung »ein strukturiertes Beratungsgespräch in einer Gruppe, in dem ein Teilnehmer von den übrigen Teilnehmern nach einem feststehenden Ablauf mit verteilten Rollen beraten wird mit dem Ziel, Lösungen für eine konkrete berufliche Schlüsselfrage zu entwickeln« (Tietze 2003, S. 11).

Wichtig hierbei: Kollegiale Beratung ist eine Beratung unter Kolleginnen und Kollegen, die auf externe Beratung oder die Expertise eines neutralen Dritten, etwa eines Coachs oder Supervisors, vollkommen verzichtet. Die Beratung erfolgt aus der Gruppe selbst heraus.

Systemisches Fragen erhöht die Sprengkraft der kollegialen Beratung

Es besteht keine allgemeingültige Definition darüber, wie ein kollegialer Beratungsprozess in der Praxis umgesetzt wird. Im vorliegenden Buch orientieren wir uns an einem Modell, mit dem wir in mehr als hundert Fallbearbeitungen von Führungskräften aus den unterschiedlichsten Unternehmen und öffentlichen Verwaltungen sehr gute Erfahrungen gemacht haben. Erstmals möchten wir hier den Grundstein legen für eine Verknüpfung des Formats »Kollegiale Beratung« mit einem Instrument, das uns als Autoren sehr am Herzen liegt, weil wir seine »Sprengkraft« immer wieder erlebt haben: dem systemischen Fragen.

1.2 Was ist systemisches Fragen?

»Alte« Kommunikationsmuster stoßen an Grenzen

Gute und effiziente Kommunikation hat sich zu einem Erfolgsfaktor für Führungskräfte und Organisationen entwickelt. Dabei wird das Thema »Fragen« bislang jedoch weitgehend stiefmütterlich behandelt. Und von systemischem Fragen haben die allerwenigsten je gehört. Das soll sich ändern! Denn systemisches Fragen ist eine große Chance für Unternehmen und Führungskräfte. Warum?

Einer nachhaltigen und zielführenden Kommunikation zwischen Mitarbeitern, Vorgesetzten, Kollegen und Kunden kommt bei der Bewältigung neuer Herausforderungen heute eine zentrale Rolle zu. Wie wichtig eine effektive Kommunikation für das Funktionieren von Organisationen ist, erhärten Forschungsbefunde zum Thema Fehlentscheidungen in Unternehmen. Der weit überwiegende Teil aller Fehlentscheidungen, so die Ergebnisse diverser Untersuchungen, beruht auf Fehlinformationen, auf »Nicht-Informationen«, auf einer nicht ausreichenden Verarbeitung von Informationen oder schlicht auf banalen Missverständnissen (vgl. Scholer 2017, S. 60).

Fehlentscheidungen beruhen auf Fehlinformationen

Wie aber wird effektive Kommunikation gestaltet? Gefragt sind auf allen Ebenen Ansätze und Strategien, die der Veränderungsdynamik und der zunehmenden Komplexität in Organisationen Rechnung tragen. Insbesondere Führungskräfte machen hierbei die Erfahrung, dass »alte« Herangehensweisen und etablierte Kommunikationsmuster oft an ihre Grenzen stoßen. Gefragt sind nicht länger lineare, sondern systemische Strategien, und dies insbesondere auch in der Kommunikation.

Was heißt »systemisch«?

Probleme, Strategien, letztendlich die gesamte Realität nicht isoliert zu betrachten, sondern in einem stets dynamischen Gesamtzusammenhang zu sehen – dafür hat sich in jüngster Vergangenheit der Begriff »systemisch« durchgesetzt. Systemische Organisationsentwicklung, systemisches Management, systemisches Coaching – die Aufzählung ließe sich fortsetzen. Systemische Ansätze haben die Agenda im Kontext von Unternehmensstrategien längst erobert. Aber Hand aufs Herz: Haben Sie schon einmal etwas von systemischem Fragen gehört?

Viele Veränderungsprojekte scheitern, und dies weniger aufgrund mangelnder Prozesse oder Tools. Im Nachhinein stellt sich oft heraus, dass Probleme nicht adäquat gelöst wurden, weil man es vorab versäumt hat, sich selbst und anderen die richtigen Fragen zu stellen. Das Thema »Gute Fragen«

ist deshalb auf dem Vormarsch. »Wer fragt, der führt.« Dieser Satz ist mittlerweile vielen Führungskräften bekannt, und Fragetechnik spielt auch in vielen Fortbildungen eine Rolle. Systemisches Fragen stellt nun eine gezielte Erweiterung dar.

Warum ist systemisches Fragen so wichtig?

Warum ist systemisches Fragen so wichtig? Wir behaupten: weil es erstens keine bessere Alternative gibt, um die Komplexität betrieblicher Prozesse nachhaltig zu erfassen und zu managen, und weil zweitens eine grundlegende Sicht auf die Dinge ermöglicht wird, die nicht nur die Führung betrifft, sondern alle Bereiche des betrieblichen Alltags durchdringen kann.

Führung mit systemischem Fragen bedeutet, dass sich erfolgreiche Fach- und Führungskräfte endgültig von der Vorstellung verabschieden, alles selbst wissen und alles punktgenau selbst entscheiden zu müssen. Vielmehr sollten sie die Fähigkeit erwerben,

- im richtigen Moment die richtigen Fragen zu stellen,
- erst einmal zuzuhören sowie
- bei Gesprächspartnern und in der Organisation gezielt Reflexionsprozesse auszulösen, die – bei einer kollegialen Beratung – dem Fallgeber und dessen Berater helfen, zu neuen Sichtweisen zu gelangen.

Systemisch denken bedeutet,

- sich von monokausalen Erklärungsmodellen zu lösen und stattdessen die Komplexität einer Situation anzuerkennen,
- Fragestellungen aus eine Metaperspektive heraus zu betrachten,
- anzuerkennen, dass Wahrnehmungen von Kommunikationspartnern stets subjektiv sind,
- anzuerkennen, dass sich die Sichtweisen des Einzelnen in der Sprache manifestieren,
- anzuerkennen, dass Verhalten stets durch Kommunikation bestimmt wird,
- anzuerkennen, dass zum Verständnis von Verhalten (und Kommunikation) stets die Wechselwirkungen der verschiedenen Akteure in einem komplexen System relevant sind und
- dass Veränderungen primär durch »Irritationen« im persönlichen Deutungsmuster einer Person ausgelöst werden.

Fragen wir in Seminaren, was die Teilnehmer über systemisches Fragen wissen, bekommen wir meist drei Gruppen von Antworten. Die einen sagen:

»Ah, Sie meinen systematisches Fragen, ja, das kenne ich aus dem Grundlagenseminar ›Kommunikation‹«. Andere schütteln verneinend den Kopf, und wieder andere antworten: »Ja, Sie meinen zirkuläre Fragen, die kenne ich aus meinem Coaching.«

Im Kern kommt die letzte Antwort einer »richtigen« Antwort am nächsten. Aber auch nur bedingt. Über systemische Fragen kursieren viele Vorstellungen, Meinungen und Definitionen.

Der Begriff »Systemisches Fragen« ist zwar in Fachkreisen bekannt (u. a. durch das Heidelberger Zentrum für systemische Forschung und Beratung), gleichwohl ist er noch nicht in den allgemeinen Sprachgebrauch übergegangen und mit einer einheitlichen Definition verbunden. Wir benutzen den Terminus mit folgender Bedeutung:

Definition: Welche Funktionen erfüllen systemische Fragen?

Systemisches Fragen bezeichnet eine spezielle Technik und soll
- → vor dem Hintergrund eines systemischen Verständnisses von zwischenmenschlichem Miteinander
- → die Reflexion und das Verständnis von Einzelpersonen und Teams
- → über ihr eigenes und das Denken, Wollen und Fühlen anderer Akteure anregen,
- → damit sich den Beteiligten neue Perspektiven eröffnen
- → und sich letztendlich deren Handlungs- und Entscheidungsspielraum vergrößert.

Systemische Fragen sind generell zweierlei:
- **Analyseinstrument**, weil damit eine tiefere und bessere Analyse von Informationen und Zusammenhängen möglich wird;
- **Interventionsinstrument**, weil jede Analyse – sofern sie in Interaktion mit Personen geschieht – auch auf den Befragten zurückwirkt.

Systemische Fragen sind Analyse- und Interventionsinstrument

Das heißt, die Frage, insbesondere eine systemische Frage, dient nicht nur dem Informationsgewinn des Fragenden, sondern löst bei dem Gefragten auch etwas aus.

Klassischer Frageansatz	Systemischer Frageansatz
Fragen rufen primär Informationen ab.	Fragen sind primär Denkanstöße.
Fragen dienen vor allem dem Fragenden.	Fragen dienen vor allem dem Befragten.

Organisationen und Kommunikationsprozesse systemisch zu analysieren heißt: weg von der Betrachtung einzelner Elemente, hin zur Betrachtung von Beziehungen. Im Zentrum des systemischen Ansatzes steht die **Analyse der Strukturen und Beziehungen** der Elemente, die in einem System, zum Beispiel einem Team, wirksam sind.

Was bedeutet systemisches Denken?

Entscheidend sind hierbei Erklärungen, die die beteiligten Personen oder Gruppen über sich und ihre Umwelt, sprich den jeweiligen Kontext (andere Personen, Prozesse, Strukturen, Normen und Werte) heranziehen. Das Verhalten der Elemente solcher Systeme kann oft besser durch die Spielregeln der Kommunikation zwischen ihnen als durch individuelle Eigenschaften erklärt werden. Folglich verschiebt sich der Fokus der Aufmerksamkeit bei der systemischen Betrachtungsweise: weg von der Untersuchung der Eigenschaften isolierter Elemente, hin zur **Betrachtung der Wechselbeziehungen** der Elemente miteinander.

1.3 Grundlegende Orientierungen systemischen Denkens

Aus der Vielfalt der Implikationen, die der systemische Ansatz für das tägliche Miteinander im Führungsalltag hat, möchten wir gezielt fünf herausgreifen und diese im weiteren Verlauf mit der entsprechenden Fragetechnik unterlegen:

Vernetztheit

(1) **Das Verhalten der Beteiligten eines Systems ist durch umfassende und komplexe Vernetztheit gekennzeichnet.** Es gibt eine Fülle von Personen, Dingen, Ideen und Prozessen, die in vielfältiger Verflechtung und Abhängigkeit voneinander stehen. Systemisch Fragen bedeutet nun, sich der wechselseitigen Beziehungen, Beziehungsmuster und Abhängigkeiten bewusst zu sein, wesentliche Einflussfaktoren zu identifizieren sowie Aus- und Rückwirkungen von Handlungen im Blick zu haben.

Konstruktivismus

(2) **Es gibt keine objektive Realität.** Jedes Erleben und Verhalten ist immer konstruiert und beruht auf subjektiven Bewertungen einer als Außen erlebten Welt. Ein einfaches Beispiel: Ein- und derselbe Chef kann von einem Mitarbeiter als autoritär und beherrschend, von einem anderen Mitarbeiter aber als zielstrebend und innovativ erlebt werden. Systemisch Fragen bedeutet, diese Konstruktionen zu thematisieren, zu hinterfragen und gegebenenfalls zu verändern (nicht den Chef, sondern das *Bild* vom Chef).

(3) **Kommunikation vollzieht sich vor allem über Sprache.** Die Grenzen der Sprache in einem System begrenzen auch die Möglichkeiten des Systems. Systemisch fragen bedeutet, sich des Werkzeugs »Sprache« bewusster zu bedienen und eine differenzierte Sicht der Dinge abzubilden bzw. auszulösen – durch gute Fragen, wie wir später sehen werden.

Sprache

(4) Nicht eine ausführliche Ursachenanalyse des »Warum« (= Vergangenheitsanalyse) steht im Mittelpunkt, sondern die **Erarbeitung von Möglichkeiten für die Zukunft**. Dabei behaupten wir, dass jeder Mensch bereits über eine Vielzahl von Ressourcen verfügt, die er aktivieren kann, um bestehende Probleme zu lösen. Nur ist er sich dieser Ressourcen meist nicht bewusst. Systemisch fragen bedeutet, diese Ressourcen zugänglich zu machen und zu aktivieren. Zum Beispiel durch Fragen wie: »Wie haben Sie denn vergleichbare Probleme in der Vergangenheit gelöst?« Oder: »Welche Ihrer Stärken könnten Sie denn einsetzen, um das Problem zu lösen?«

Zukunftsorientierte Ressourcen

(5) Oft genügen bereits kleine Interventionen von außen, um ein System oder eine Person dazu zu bringen, ihre Sicht der **Dinge zu hinterfragen** und alternative Sichtweisen zur Kenntnis zu nehmen. Systemisch fragen bedeutet deshalb vor allem, einem Adressaten hierfür geeignete Impulse anzubieten, zum Beispiel durch eine ungewöhnliche oder ausgefallene Frage.

Perturbation (= Verwirrung, Störung)

2. Sinn, Zweck und Konstruktion systemischer Fragen

> Der systemische Charakter einer Frage ergibt sich aus der Wechselwirkung zwischen Frageform und Frageintention. Ob eine Frage systemisch wirkt oder nicht, hängt immer davon ab, wie sie konstruiert ist (Frageform) und welche Absicht man damit verbindet (Intention). Zwischen beiden Aspekten besteht eine Wechselwirkung.

Im Kern kann jede Frage systemisch wirken

Nun geht es um eine Verortung der systemischen Fragetechnik. Also: Welche Fragen sind systemisch? Zunächst möchten wir dem in der Praxis weitverbreiteten Vorurteil entgegenwirken, dass nur die sogenannten systemischen Fragen im engeren Sinne – also hypothetische, zirkuläre und skalierende Fragen – systemisch sind (wir werden sie auf den nächsten Seiten erklären). Das Gegenteil ist der Fall.

Im Kern kann jede Frage – auch die von Fachleuten oftmals exkommunizierte »Warum-Frage« – systemisch wirken (z. B.: »Warum können Sie sich dessen so sicher sein?«). Hier stößt man auf das Problem, dass es bislang kein kohärentes System der Fragen bzw. der Fragetechnik gibt. Andreas Patrzek hat dies in seinem Buch »Fragekompetenz für Führungskräfte« kritisch kommentiert und einen ersten Systematik-Ansatz in Form des Fragewürfels konzipiert.

Keine einheitliche Definition

Gleichwohl gibt es in der Literatur weiterhin eine fast babylonisch anmutende Sprachverwirrung bezüglich möglicher systemischer Frageformen. Lediglich bezüglich der Fragekonstruktion findet man über die Unterscheidung von offenen, geschlossenen und Alternativfragen einen gewissen einheitlichen Sprachgebrauch. In Hinsicht auf die Wirkrichtung oder Intension fehlt eine solche Definition bislang. Hier gibt es eine unendliche Vielfalt von Formulierungen: rhetorische Frage, indirekte Frage, motivierende Frage, hinführende Frage, wegführende Frage… Summa summarum kann man durch Beifügung eines beliebigen Verbs oder Adverbs neue Fragearten (er-)finden.

Wir möchten Ihnen hier einen übergeordneten Rahmen im Sinne einer Metatheorie vorstellen. Beeinflusst wurden wir dabei vor allem von den Ansätzen von Grochowiak und Heiligtag (»Die Magie der Frage«, 2003), Karl Tomm (»Die Fragen des Beobachters«, 2009) und Uwe Straß (»Hilfreiches Fragen«, 1998). Ausgehend von diesen Gedanken haben wir ein Zwei-Achsen-Modell aus Intention und Intensität entwickelt. Es besteht aus zwei senkrecht aufeinander stehenden Dimensionen.

Überlegungen zu einer Metatheorie

Die erste Dimension: Intention

Erste Dimension: Intention

Die beiden Enden repräsentieren diametral entgegengesetzte Absichten aus Sicht des Fragenden:

- Am einen Ende des Kontinuums dienen die Fragen primär dem Informationswunsch des Fragenden selbst. Er möchte etwas Neues erfahren.
- Im Gegensatz hierzu zielen Fragen am anderen Ende des Kontinuums darauf ab, beim Gesprächspartner reflexive Prozesse auszulösen, ihn durch Fragen zum Nachdenken zu bringen.

Die zweite Dimension: Intensität

Zweite Dimension: Intensität

Auch hier repräsentieren die beiden Enden der Dimension entgegengesetzte Verhaltensweisen des Fragenden:

- In einer Extremposition übt der Fragende großen Druck aus. Er erwartet eine zielführende, schnelle und eindeutige Antwort.
- Das andere Extrem ist eine sehr »gewährende« Art und Weise der Frageformulierung. Sie versteht die Frage eher als Impuls.

In beiden Fällen ist neben der rein sprachlichen Formulierung und Struktur der Frage das Wechselspiel von paraverbalen (= Stimme) und nonverbalen (= Körpersprache) Aspekten von großer Bedeutung.

Grafische Darstellung

Intention und Intensität als zwei Achsen

- Die vertikale (senkrechte) Achse repräsentiert die Intension des Fragenden mit den Endpunkten »Reflektieren« (oben) und »Informieren« (unten).
- Die horizontale (waagrechte) Achse stellt die Intensität mit den Endpunkten »Gewährend« und »Nachdrücklich« dar.

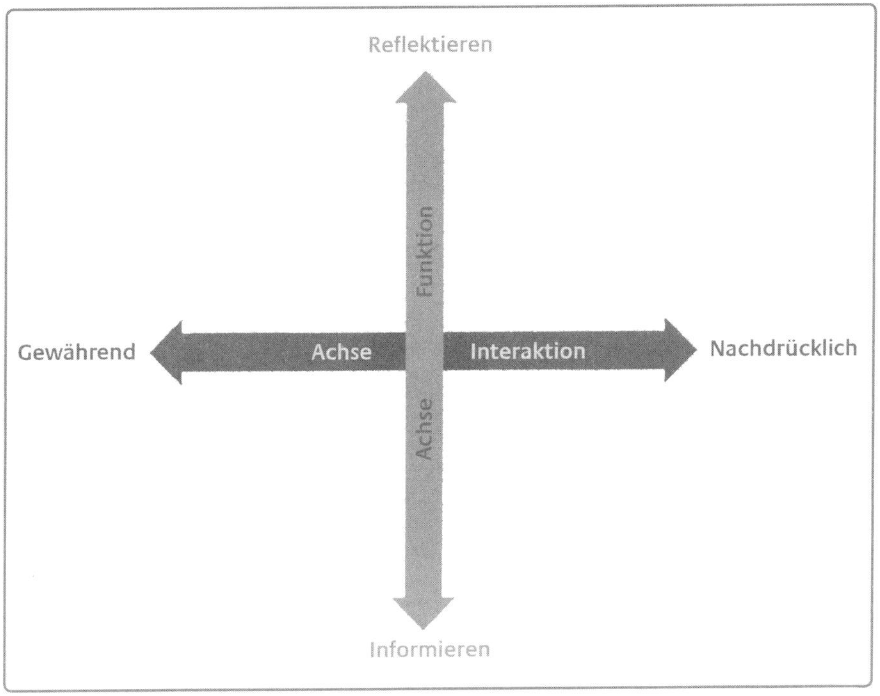

Abb. 1: Zwei-Achsen-Modell

Dementsprechend kann man verschiedene Fragestile unterscheiden, die den vier Feldern des Achsensystems entsprechen.

Beispiel

Ein Fallgeber (Ratsuchender) hat in einer kollegialen Beratung davon berichtet, dass ihm ein ehemaliger Kollege, der nun in einer anderen Abteilung arbeitet, bei Meetings immer ins Wort fällt. Folgende alternative Fragen der Beratergruppe an den Fallgeber sind möglich:

	»Wie oft unterbricht er Sie in etwa pro Meeting?« *Diese knappe Frage zielt nur auf eine Information bezüglich der Häufigkeit.*
	»Wie oft kommen diese Unterbrechungen, die Sie als störend empfinden, pro Meeting vor?« *Diese knappe Frage zielt ebenfalls auf eine Information bezüglich der Häufigkeit, übt aber weniger Druck aus.*
	»Sie haben mehrmals erwähnt, dass Sie die Unterbrechung gerade durch diese eine Person als besonders störend empfinden. Welche Rolle spielt dabei die Tatsache, dass es sich um einen ehemaligen Kollegen handelt?« *Diese weiter ausholende Frage soll den Befragten dazu anregen, über mögliche Umfeldbedingungen nachzudenken.*
	»Woran liegt es Ihrer Meinung nach, dass er Sie öfter unterbricht?« *Diese eher knapp formulierte Frage soll den Befragten dazu anregen, über mögliche Ursachen nachzudenken.*

Tabelle 1: Beispielformulierungen

Bedeutung für die Praxis: Handlungsoptionen erweitern

Was bedeutet dies nun für die Verortung systemischer Fragen? Wie eingangs dargestellt, ist es ein wesentliches Anliegen des systemischen Ansatzes, die **Handlungsoptionen** des Gesprächspartners zu erhöhen. Hierzu geeignet sind vor allem Fragen, die ihn dazu anregen, eigene und fremde Gedanken und Verhaltensweisen zu reflektieren und eigene Ressourcen zur Veränderung zu erkennen.

Systemisches Fragen wird sich folglich eher in der Mitte bzw. am linken Rand der oberen Hälfte lokalisieren lassen. Denn sehr nachdrückliche Fragen führen tendenziell eher zu einer Verteidigungshaltung, zu Ablenkung und Rationalisierung. Fragen mit hohem Informationsgehalt werden nur selten angebracht sein, z.B. zu Beginn des Gesprächs, um wesentliche Details zu klären, und im weiteren Verlauf, um bestimmte Sachverhalte und Worte genauer verstehen zu können.

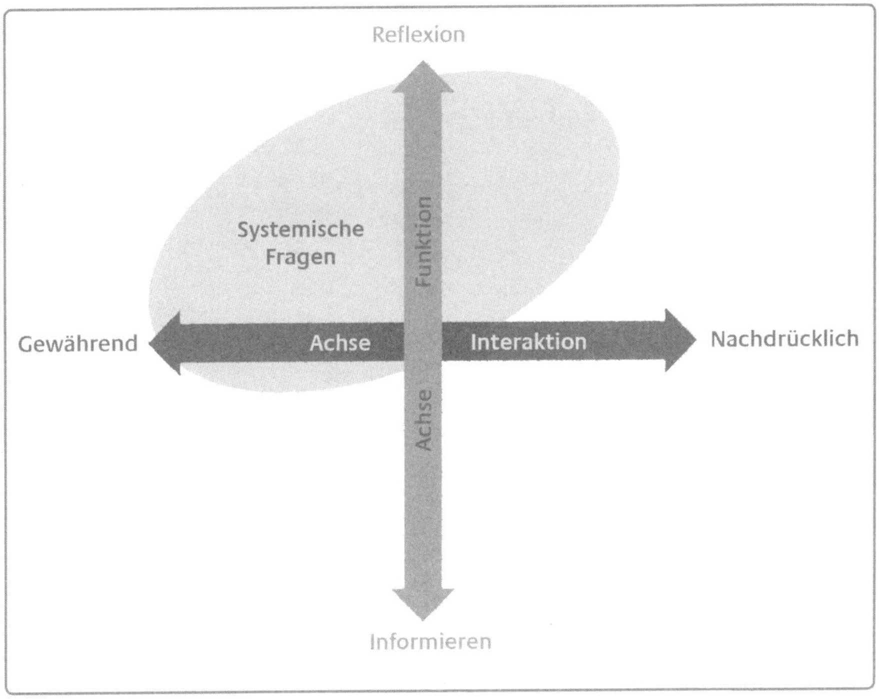

Abb. 2: Verortung systemischer Fragen im Zwei-Achsen-Modell

Was bedeutet dies nun für die Praxis der kollegialen Beratung?

- Generell nehmen die Kollegen beim systemischen Fragen im Rahmen kollegialer Beratungen eher die Rolle eines Klärungshelfers als die eines Kommissars wahr.
- Fragesteller sollten sich vor jeder Frage bewusst machen, was sie wie erreichen möchten: Informationen erhalten oder Reflexionen anregen?
- Anschließend sollten sich fragende Berater überlegen, welche Fragearten (im Sinne von Fragewerkzeugen) Ihnen hierzu zur Verfügung stehen und welche davon Sie in welcher Form (Formulierung, Körpersprache, Stimme) anwenden möchten
- Und letztendlich sollten Sie sich in ethischer Hinsicht bewusst machen, dass jede Frage einen »Eingriff« darstellt, der beim Befragten etwas bewirkt. Eine unabdingbare Kompetenz für systemisch Fragende heißt deshalb: Empathie.

Empathie als wichtige Kompetenz

2.1 Fragearten

Wichtig ist: Die Art der Frage hat entscheidenden Einfluss auf deren Wirkung.

Geschlossene Fragen

Geschlossene Fragen beginnen normalerweise mit einem Verb (»Kennen Sie ...«, »Haben Sie...«) und zielen auf eine Ja/Nein-Antwort. Dadurch engen sie die möglichen Antworten ein und geben dem Gesprächspartner wenig Spielraum.

Natürlich antworten viele Gesprächspartner auf eine geschlossene Frage ausführlicher. Im Kern reicht aber ein Ja oder Nein. Zudem üben geschlossene Fragen psychologisch einen gewissen Druck aus: Sie machen den Gesprächspartner zum »Befragten« – vor allem dann, wenn viele geschlossene Fragen unmittelbar hintereinander gestellt werden.

Tipp

Verwenden Sie möglichst wenig geschlossene Fragen. Und wenn doch, dann entweder, um gezielt Entscheidungen herbeizuführen oder um sich im Sinne einer Rückfrage (Aktives Zuhören) zu versichern, den Gegenüber richtig verstanden zu haben.

Offene Fragen

Die »W-Fragen«

Einen besseren Weg zu neuen und relevanten Informationen bieten offene Fragen. Denn offene Fragen bewegen den Befragten dazu, von sich aus etwas ausführlicher zu berichten. Sie beginnen mit den bekannten W-Fragewörtern, also mit »was«, »wie«, wer«, »wo«, »wann« usw. Weil der Befragte sehr umfassend antworten kann, hat man die Chance, unerwartete, neue Details zu erfahren und die Informationsbasis zu vergrößern.

Der potenzielle Nachteil: Es besteht das Risiko, dass sich das Gespräch in Nebensächlichkeiten verliert. Als Fragender geben Sie ein Stück weit die Fäden aus der Hand. Offene Fragen erfordern also eine hohe Konzentration aufseiten der Fragesteller und ein stetiges »Mit-Scannen« des Gesprächsverlaufs.

Wir widmen den offenen Fragewörtern im Folgenden etwas mehr Raum, da wir durch langjährige Seminarerfahrungen Verfechter der »wortgeleiteten« Fragetechnik geworden sind. Das heißt, allein die »technische« Verwendung eines bestimmten Fragewortes zu Beginn einer Frage (z. B. »Woran«) führt in 95 Prozent der damit konstruierten Fragesätze zu einer guten »systemischen« Akzentuierung.

Welches offene Fragewort ist geeignet?

Selbstverständlich sind (fast) alle Fragewörter gleichermaßen geeignet, systemische Fragen einzuleiten. Letztendlich hängt der Fokus der Frage vor allem von ihrem Inhalt ab.

Statt geschlossen: »inwieweit« oder »inwiefern«

Viele Personen neigen dazu, rund 80 Prozent ihrer Fragen geschlossen zu formulieren. Hier empfehlen wir, sich die Worte »inwieweit« und »inwiefern« einzuprägen und Fragen situativ passend automatisch damit einzuleiten. Das Resultat ist in 99 Prozent aller Fälle besser als bei einer geschlossenen Frage. Schließlich führen die meisten »reflektierenden« Fragewörter allein durch ihre Richtung zu einer Reflexion. Für uns sind sie ein zentrales Instrument für gelungenes systemisches Fragen, denn sie verleiten den Befragten automatisch dazu, seine Gedanken und Gefühle zu hinterfragen.

»Woran machen Sie fest ...?«

Eine »Woran machen Sie fest ...«-Frage eröffnet eine Vielzahl von Einstiegsmöglichkeiten, um interne Wahrnehmungs- und Bewertungsprozesse zu thematisieren (z. B.: »Woran machen Sie fest, dass Ihr Kollege auf Kosten der anderen Teammitglieder agiert?«).

Fragen mit der Vorsilbe »wo« fokussieren Schlussfolgerungen und Bewertungen

Es gibt eine überraschend große Vielzahl solcher Fragewörter, die im Deutschen alle mit der Silbe »wo« beginnen: woraus, woher, worin, wodurch, worüber... Sie alle richten den Fokus darauf, wie eine Person zu einer Aussage oder Einschätzung gelangt. Sie zielen also darauf, interne Schlussfolgerungen und Bewertungsprozesse zu reflektieren und nachzuvollziehen.

Die Warum-Frage

Achtung! Die wenigsten Fragesteller sind sich dessen bewusst, dass die Warum-Frage leicht in eine verhörähnliche Situation umschlagen kann, in der

der Gesprächspartner meint, sich rechtfertigen zu müssen. Infolgedessen reagiert er oft als »Angeklagter«, der glaubt, sich verteidigen zu müssen.

Die Warum-Frage klingt anklagend

Warum reagieren wir oft allergisch auf Warum-Fragen? In psychologischer Hinsicht stammt die meist unbewusste Aversion der meisten Menschen gegenüber Warum-Fragen wahrscheinlich aus der frühen Kindheit, als sie von Autoritäten (Lehrern, Eltern, Erziehern) stets mit Warum-Fragen bedrängt wurden (»Warum hast du das getan?«, »Warum kannst du deinen Bruder nicht in Ruhe lassen?«, »Warum räumst du dein Zimmer nicht auf?«, »Warum muss ich alles zehnmal sagen?«). Hinzu kommt, dass es auf Warum-Fragen oft keine endgültige Antwort gibt. Egal, was man sagt, der Fragende kann umgehend mit einer erneuten Warum-Frage reagieren.

Fragen Sie mit »weshalb« statt mit »warum«

Welche Alternativen gibt es zur Warum-Frage? Eine erste und relativ einfache Möglichkeit besteht darin, das Warum schlicht durch ein Weshalb zu ersetzen. Damit ist zwar zugegebenermaßen noch nichts Weltbewegendes geschehen, aber allein das Wort »weshalb« klingt weniger Druck ausübend als das Wort »warum«. Noch besser ist es, das Wort »warum« durch offene Formulierungen zu ersetzen, z. B.:

Alternativen zur Warum-Frage

- »Was war ausschlaggebend dafür ...?«
- »Was war der Grund ...?«
- »Wodurch wurde dies ausgelöst?«
- »Was veranlasste Sie ...?«
- »Was waren Ihre Beweggründe ...?«
- »Wie entwickelte sich dies ...?«
- »Welche Umstände führten dazu, dass ...?«
- »Welche Faktoren waren für Sie bedeutsam, als Sie sich so entschieden haben ...?«

Sie merken selbst: Wenn Sie so gefragt werden, fühlen Sie sich weniger in die Ecke gedrängt. Diese Fragen transportieren eine ganz bestimmte Grundhaltung des Fragenden, die es dem Gegenüber ermöglicht, sich weder angeklagt noch verhört zu fühlen. Diese Grundhaltung lautet in etwa: »Ich vermute, es gibt gewisse Gründe, Umstände, Motive usw., die dazu führten, dass Sie so und nicht anders gehandelt haben. Diese Gründe interessieren mich.«

Die logische Sinnhaftigkeit, die sich hinter einer Warum-Frage verbirgt, ist unbestritten. Bei der kritischen Hinterfragung der Warum-Frage geht es ausschließlich um die Wirkung und um die Formulierung. Und hier ist das »Warum« in 95 Prozent aller Fälle suboptimal.

2.2 Die systemischen Fragen im engeren Sinne

Systemische Sichtweise nimmt »Umwelt« in den Fokus

Ausgangspunkt unseres Plädoyers für einen stärkeren Gebrauch systemischer Fragen ist folgende Überlegung: Wie vorab bereits erläutert, konzentrieren sich viele Fragende sehr früh auf Personen und deren vermeintliche Eigenschaften oder charakterliche Merkmale. Unter einem systemischen Blickwinkel fokussiert man hingegen stärker auf die Art und Weise, wie diese Personen mit ihren Umwelten kommunizieren, sowie auf die **Hintergründe und Umstände** eines bestimmten Verhaltens.

Und nun zu den Frageformen, die in vielen Veröffentlichungen als genuin systemisch gelten. Es sind dies insbesondere hypothetische, zirkuläre und skalierende Fragen.

Hypothetische Fragen

Hypothetische Fragen führen eine fiktive Situation in das Gespräch ein. Häufig werden sie eingeleitet mit Formulierungen wie: »Stellen Sie sich vor …«, »Gesetzt den Fall …« oder »Angenommen …«. Im Rahmen eines Als-ob-Szenarios fragt man nach möglichen oder denkbaren Reaktionen einer Person oder mehrerer Personen auf eine imaginäre Situation. Dahinter steht das Bemühen, den Befragten anzuregen, neue Auswege, Möglichkeiten und Reaktionen zu konstruieren und zu formulieren. Er lässt so neue Wirklichkeiten zu und erkennt, dass es – zumindest theoretisch – eine größere Anzahl von Möglichkeiten gibt als die zunächst naheliegenden.

Hypothetische Fragen als Gedankenexperiment

Hypothetische Fragen sind wie Gedankenexperimente. In Anlehnung an Simon und Simon (1999, S. 133) kann man auch sagen: »Gedankenexperimente sind eines der nützlichsten Instrumente menschlichen Denkens … Sie sind ökonomisch sinnvoll, d. h. sie kosten wenig, laden ein zu kreativem Denken, geben der Phantasie eine Chance und aktivieren den Möglichkeitssinn«. Das Ergebnis von Gedankenexperimenten sind oft neue kreative Ideen, Impulse und Sichtweisen.

Hier eine Auswahl von Möglichkeiten zur Einleitung hypothetischer Fragen:

- »Nehmen Sie/wir einfach mal an ...«
- »Unterstellen wir doch einmal ...«
- »Wenn Folgendes passieren würde: ...«
- »Wagen wir doch ein Gedankenexperiment: ...«
- »Folgendes Szenario: ...«
- »Reine Fiktion, aber was würde passieren, wenn ...?«

Beispiel

Ein Mitarbeiter kritisiert gegenüber seinem Vorgesetzten die schlechte Stimmung im Team und führt dies auf unterschiedlichste Ursachen zurück (zu hohe Arbeitsbelastung, unklare Ziele, unterschiedliche Leistungsbereitschaft, Konflikte zwischen zwei Kollegen usw.). Am Schluss sehen weder der Mitarbeiter noch der Vorgesetzte vor lauter Bäumen den Wald. Der Vorgesetzte kann nun dem Mitarbeiter folgende (hypothetische) Frage stellen: »Wenn Sie die Macht hätten, zwei Dinge sofort zu verändern, was wären diese zwei Dinge?« Diese Frage ist eine hypothetische Frage, da der Mitarbeiter diese Macht zweifelsohne nicht hat. Die unmittelbare Folge dieser Frage: Der Mitarbeiter muss reflektieren und eine Entscheidung treffen. Wenn er nun die zwei Dinge benennt, sind dies in seinen Augen die wesentlichen Ursachen der aktuellen Misere, auf die man sich künftig vor allem konzentrieren sollte.

Hypothetische Fragen können sich auch auf die Konkretisierung der Zukunft und das Ausmalen der Vor- und Nachteile aktueller Entwicklungen beziehen.

Beispiel

Wenn unser Projekt erfolgreich ist und die neuen Prozesse bereits fünf Jahre in unserem Unternehmen eingeführt sein werden:

→ Was wird dann anders sein?
→ Was klappt besser?
→ Was ist gleich geblieben?
→ Was hat sich dann verschlechtert?

Wirkungen systemischer Fragen

Hypothetische Fragen haben viele Vorteile:

- Sie lösen zementierte Muster auf.
- Sie laden zu Gedankenexperimenten ein.

- Sie führen aus Sackgassen heraus.
- Sie geben Rückschlüsse auf aktuelle Ängste und Hoffnungen.
- Sie fördern das Denken in neuen Möglichkeiten.

Zirkuläre Fragen

Zirkuläre Fragen sind das Herzstück des systemischen Fragens, da sie die Sichtweisen, im erweiterten Sinne also die »Realitäten« anderer Personen oder Personengruppen, einbeziehen. Wegweisend ist in diesem Zusammenhang der Satz von Fritz B. Simon und Christ Rech-Simon aus ihrem vielbeachteten Buch »Zirkuläre Fragen«: »Weil das Verhalten von Menschen nicht von dem bestimmt wird, was andere tatsächlich über sie denken, sondern von dem, was sie denken, was die anderen denken« (Simon/Simon 1999, S. 223).

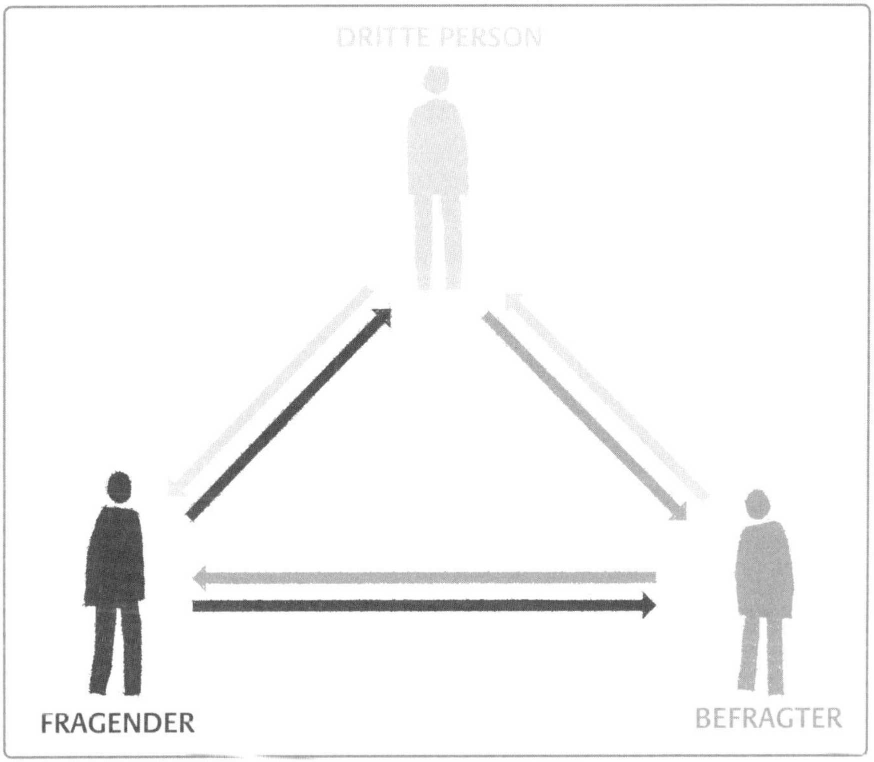

Abb. 3: Zirkuläre Fragen führen die Dritte-Person-Perspektive ein

Zirkuläre Fragen fokussieren auf das System der Personen, die um einen Befragten herum agieren (z. B. die Chefin, seine Kollegen, die ihm unterstellten Mitarbeiter, seine Partnerin usw.). Es wird also die Dritte-Person-Perspektive eingeführt, die um ihn herum »zirkulieren«. Dadurch wird der Gesprächspartner dazu angeregt, sich in diese anderen Personen hineinzuversetzen und nicht nur seine eigene, sondern auch deren Sichtweise zu reflektieren. Zirkuläre Fragen schaffen also Empathie und Verständnis für die »Realität« anderer Menschen.

Zirkuläre Fragen nehmen die Perspektiven Dritter in den Blick

Achtung: Beim zirkulären Fragen wird nicht nach den Einstellungen, Meinungen und Beziehungen des Befragten, sondern nach den vermuteten Einstellungen und Relationen anderer Beteiligter gefragt.

Beispiele zirkulärer Fragen:

- »Wenn ich Ihren Chef fragen würde, wie würde er mir das Problem beschreiben?«
- »Wie sieht das Problem aus der Perspektive der Kollegen aus der anderen Abteilung aus?«
- »Wie, denken Sie, ist das Verhältnis zwischen Frau X und Herrn Y?«
- »Gibt es eine Führungskraft, die im Gegensatz zu Ihnen die Veränderung nicht mitträgt?«
- »Wie würde diese Führungskraft ihre Ablehnung begründen?«
- »Wenn ich Ihren ›Problemmitarbeiter‹ fragen würde, was ihn motivieren könnte, was würde er mir antworten?«

In der Beispielfrage »Wie beurteilt Ihr Chef das Problem?« wird deutlich, dass systemische Fragen sowohl als Analyse- als auch als Interventionsinstrument dienen: Sie sorgen erstens für die Gewinnung zusätzlicher Informationen und regen zweitens Reflexionsprozesse an.

Die Wirkung systemischer Fragen: mehr Information plus Reflexion

Zum ersten Punkt: Selbst wenn der Befragte antwortet, dass der Chef das Problem gar nicht beurteilen kann, weil er bislang nicht damit befasst ist, haben Sie durch die zirkuläre Frage eine wichtige Zusatzinformation erhalten. Zum zweiten Punkt: Die Antwort nach der Sichtweise anderer kommt meist nicht aus der Pistole geschossen. Der Befragte muss in der Regel zumindest kurz, oft auch etwas länger überlegen. Schließlich weiß man oft nicht definitiv, wie andere zu einem Thema stehen. Und selbst die Antwort des Befragten »Ich weiß es nicht« kann einen wichtigen Reflexionsprozess auslösen. Heißt dies doch, er hat sich über die Sichtweise eines Dritten möglicherweise noch gar keine oder nicht ausreichend Gedanken gemacht.

Systemische Fragen lösen Reflexion aus. Reflexion braucht Zeit. Eine gute Frage erkennen Sie unter anderem daran, dass der Befragte nicht sofort antwortet. Das ist alles andere als tragisch, sondern im Gegenteil ganz im Sinne des Erfinders (systemischen Fragens). In der Arbeit mit Führungskräften machen wir in kollegialen Beratungen immer wieder die Erfahrung, dass die »Berater« gleich eine Frage nachschieben, wenn auf die zuvor gestellte Frage nicht sofort eine Antwort kommt. Das ist ein Fehler! Je länger ein Befragter für die Antwort braucht, umso besser war die Frage. Denn eine Pause vor der Antwort ist der sichtbare Ausdruck dafür, dass der Befragte sich diese Frage noch nicht gestellt hat.

Dem Befragten Zeit lassen!

Vorteile des zirkulären Fragens:

- Der Befragte reflektiert sich und seine Beziehung von außen.
- Der Befragte versetzt sich in die Sichtweise einer anderen Person hinein.
- Durch die simultane Betrachtungsweise aus mehreren Blickwinkeln wird die Vernetzung der Beziehungen sichtbar.
- Durch zirkuläre Fragen werden für alte Probleme neue Denk- und Betrachtungsweisen eingeführt.

Wichtig: Zirkuläre Fragen sind in der Regel eher ungewohnt für die Betroffenen. Ihre Anwendung erfordert Geschick und Behutsamkeit, das heißt, zirkuläres Fragen muss geübt werden! Ununterbrochenes zirkuläres Fragen kann monoton wirken und eine Situation schnell ermüdend und künstlich erscheinen lassen. Wie in anderen Kontexten gilt auch hier: Die richtige Mischung macht's.

Vorsicht: Zirkuläre Fragen sind ungewohnt

Skalierende Fragen

Skalierungsfragen – auch skalierende Fragen genannt – dienen dazu, Verallgemeinerungen zu hinterfragen und Unterschiede herauszuarbeiten. Sie erlauben es,

Skalierende Fragen machen Unterschiede

- bereits existierende Unterschiede zu benennen,
- bislang unbekannte Unterschiede sichtbar zu machen oder erst zu erzeugen,
- Unterschiede in ihrer Ausprägung zu benennen, indem sie skaliert werden,
- oder scheinbare Unterschiede zu relativieren.

Beispiel

Verschiedene Führungskräfte haben in kollegialen Beratungen schon berichtet, dass die Stimmung in ihren Teams schlecht sei. Wenn Sie nun »skalierend« nachfragen, wie schlecht die Stimmung jeweils auf einer Skala von 1 bis 10 ist, werden Sie die unterschiedlichsten Antworten erhalten. In unseren Seminaren antworten Führungskräfte auf diese Frage mit Werten von 1 bis 6. »Schlecht« ist eben nicht gleich »schlecht«.

Im Beispiel zeigt sich erneut die Doppelfunktion systemischer Fragen als Analyse- (Informationsgewinnung) und Interventionsinstrument (Reflexion auslösen). Informationsgewinnung: Ob die schlechte Stimmung von dem Befragten mit 1 oder 6 skaliert wird, macht einen wesentlichen Unterschied aus. 1 heißt: »Die Hütte brennt« und 6 heißt: »Die Stimmung war wohl schon mal besser, hat aber immer noch eine gute Basis«. Reflexion auslösen: Durch die skalierende Frage wird dem Befragten möglicherweise erst klar, wie schlecht die Stimmung tatsächlich ist (bei Wert »1«) – oder umgekehrt (bei Wert »6«), dass im Kern immer noch eine gute Basis im Team vorhanden ist.

Varianten für skalierende Fragen

Aus dem komplexen Feld skalierender Fragen möchten wir einige Varianten kurz vorstellen:

- Klassische Variante – einfache **numerische Skala** einer Eigenschaft: »Wie zufrieden sind Sie aktuell (mit Ihrer Arbeitsstelle) auf einer Skala von 0 (minimal) bis 10 (maximal)?«
- Klassische Variante – **prozentuale Skala** zu einem bestimmten Objekt: »Wie viele Ihrer Kollegen sind prozentual mit dem Klima im Team zufrieden?«
- Erweiterte Variante – **Bildung einer Teilmenge**: »Wenn man den Motivationsgrad Ihrer Teammitglieder in drei Gruppen aufteilen würde: Wie viele Teammitglieder gehörten prozentual zur Gruppe der überdurchschnittlich, der durchschnittlich und der unterdurchschnittlich Motivierten?«
- Erweiterte Variante – **Rangreihung von Elementen**: »Was waren aus Ihrer Sicht die wichtigsten zwei Erkenntnisse aus der Mitarbeiterbefragung in Ihrem Unternehmen?«

- Erweiterte Variante – **Einführung von bewussten Unterschieden**: »Sie sagen, beide Projekte sind gleich wichtig. Wenn man Sie aber nun zwingen würde, sich für eines zu entscheiden, welches Projekt würden Sie mir dann nennen?«

Verbindung von Skalierungsfragen mit hypothetischen und zirkulären Fragen

Streng genommen wurde bei der letzten Variante eine Skalierungsfrage mit einer hypothetischen Frage verbunden (»Wenn eine dritte Person Sie zwingen würde …«). Sie können Skalierungsfragen auch mit einer zirkulären Frage verbinden: »Wenn wir unsere Mitarbeiter nach ihrer Zufriedenheit mit den durchgeführten Maßnahmen fragen würden, was glauben Sie, welches Ergebnis käme auf einer Skala von 0 (nicht zufrieden) bis 10 (sehr zufrieden) heraus?« Ein weiteres Beispiel für die Verknüpfung einer Skalierungsfrage mit einer zirkulären Frage: »Sie haben gerade gesagt, dass Sie sich auf einer Skala von 0 bis 10 mit dem Wert 7 belastet fühlen. Wenn ich nun Ihren Chef fragen würde, wie er Ihre Belastung beurteilt, welchen Wert würde Ihr Chef voraussichtlich nennen? Was würde Ihre Frau mir antworten?«

Ob verbunden mit anderen systemischen Fragearten oder allein stehend: Skalierende Fragen bieten eine Vielzahl von Anwendungsmöglichkeiten sowohl für Führungskräfte als auch für die Organisation.

Skalierungsfragen lösen Diskurse aus

Organisationen und einzelne Bereiche oder Abteilungen können sich die Frage stellen: »Wie beurteilen wir aktuell die Kundenzufriedenheit (alternativ: die Mitarbeiterzufriedenheit, die Führungsqualität, die Qualität bestimmter Dienstleistungen usw.) auf einer Skala von 1 bis 10?« Wir garantieren Ihnen: Wenn Sie diese oder ähnliche Fragen im führenden Management diskutieren, werden Sie unterschiedliche Werte zu hören bekommen. Und hier wird es spannend, denn Sie sollten erst einmal diese Werte hinterfragen, zum Beispiel mit Fragen wie »Woran machen Sie/machen wir das fest?« oder »Was ist der Grund dafür?«.

Auch kann es sich anbieten, weiter skaliert zu fragen, und zwar zunächst nach der Historie und später nach der Zukunft, z. B.: »Wie hat sich die Führungsqualität unseres Unternehmens im Laufe der letzten zwei Jahre (oder seit Einführung der Maßnahmen xy) auf einer Skala von … bis verändert?« (= Vergangenheit). Oder: »Was können wir tun, um den von uns vermuteten Wert um ein bis zwei Punkte zu verbessern?« (= Zukunft).

Skalierungsfragen im Mitarbeitergespräch

Führungskräfte können systemische Fragen und insbesondere auch Skalierungsfragen im Mitarbeitergespräch einsetzen. Sowohl die Führungskraft als auch der Mitarbeiter können (Empfehlung: zunächst jeder für sich) z. B. folgende Fragen mit einem Wert von 0 bis 10 skalieren:

- Freiraum des Mitarbeiters für eigenes Handeln und Entscheiden
- Anerkennung von Leistungen des Mitarbeiters durch die Führungskraft
- Arbeitsklima
- Unterstützung des Mitarbeiters durch die Führungskraft
- Qualität der Zusammenarbeit zwischen Führungskraft und Mitarbeiter
- Qualität der Informationen, die der Mitarbeiter durch die Führungskraft erhält.

Wir garantieren Ihnen, dass Sie mit systemischen Fragen (vielleicht erstmals?) ein sehr gehaltvolles und sicher auch aufschlussreiches Mitarbeitergespräch führen werden. Probieren Sie es aus!

2.3 Weitere systemische Fragen

Neben der hypothetischen, der zirkulären und der Skalierungsfrage gibt es weitere Fragetypen, die unter »systemisch« subsumiert werden können, weil sie den Blick weiten (sowohl bei Fragenden als auch Befragten) und zusätzliche Informationen und Erkenntnisse liefern.

Die Wunderfrage

Die Wunderfrage ist eine Spezialform der hypothetischen Frage. Sie soll neue Lösungsszenarien einführen. Der Fokus ist dabei nicht auf Hindernisse oder Unmögliches gerichtet (»Warum geht das nicht?«), sondern auf die Situation, wenn das Ziel erreicht ist (»Wie wird es gehen?« und »Was wird es bewirken?«).

Beispiele:

- »Stellen Sie sich vor, ein Wunder geschieht und das Problem ist gelöst. Woran würden Sie dies zuallererst merken?«
- »Stellen Sie sich vor, eine gute Fee kommt und löst für Sie über Nacht das Problem. Woran werden Sie dies am nächsten Tag erkennen?«

Wichtig: Diese Fragen bitte nur sparsam und gezielt einsetzen! Zu viele Wunder verfangen nicht.

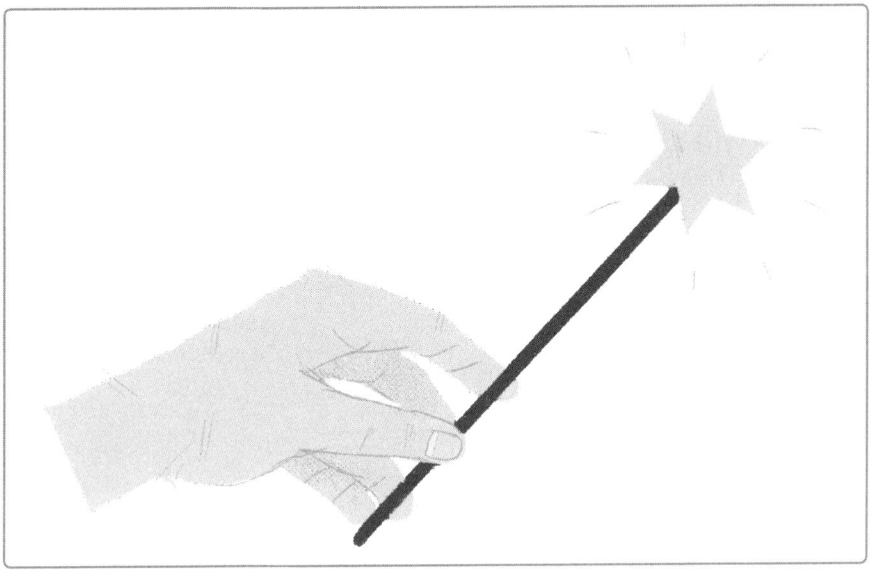

Fragen nach Ausnahmen

Ausnahmen verweisen auf wichtige Systemmerkmale

Viele Menschen neigen dazu, Probleme als unabänderlich wahrzunehmen. Aussagen wie »Mein Vorgesetzter/mein Mitarbeiter ist immer ...« führen dazu, ein Problem festzuschreiben und als unlösbar zu fixieren. Hier setzen »Ausnahmefragen« an. Sie suchen nach der Ausnahme von der Regel: »Gab es schon einmal Situationen, in denen Ihr (vorher als stets unzuverlässig geschilderter) Mitarbeiter zuverlässig war?« Wenn ein Problem nicht immer auftritt, kann das ein Hinweis darauf sein, dass es an anderen Personen, an der Situation oder an sonstigen Umständen liegt.

Beispiele Ausnahmefragen:

- »Wirklich immer?«
- »Gab es schon einmal eine Ausnahme?«
- »Wann trat diese auf?«
- »Wodurch wurde sie ausgelöst?«
- »Was war dann anders?«

Praxistipp: Hinterfragen Sie Verallgemeinerungen wie »immer« oder »nie« mit Fragen nach Ausnahmen!

Fragen nach Bildern oder Metaphern

Diese Fragen haben oft eine gewaltige Wirkkraft, da sie die Fantasie und die Emotionen der Betroffenen ansprechen, möglicherweise auch ihre tieferen Wünsche und Bedürfnisse.

Metaphern überraschen und erweitern das Denken

Beispiele für metaphorische Fragen:

- »Angenommen, Hollywood dreht einen Film über Ihre Situation:
  - Wie sollte der Titel lauten?
  - Wer sollte die Hauptrolle spielen?
  - Wie sollte das Ende sein?«
- »Wie viele Zimmer bewohnt das Problem in Ihrem Haus?«
- »Würden Sie das Zusammenleben mit dem Problem eher als wilde Ehe oder als feste Partnerschaft definieren?«
- »Wie müsste ein Kündigungsschreiben an das Problem konkret lauten?«

Beispiel: Metaphorische Fragen im Entwicklungsgespräch zwischen Führungskraft und Mitarbeiter

»Stellen Sie sich vor, Ihr Sachgebiet ist ein Schiff, das in See sticht, und alle Positionen auf dem Schiff (Kapitän, Matrose, Steuermann, Koch) sind noch zu besetzen. Welchen Job würden Sie sich aussuchen?« Interessant ist die mögliche Anschlussfrage: »Welche Position nehmen Sie denn aktuell auf Ihrem Schiff ein?« Wie viel Sprengstoff in zwei simplen Fragen stecken kann, ersehen Sie aus diesem Beispiel, das aus der Praxis stammt. Auf die erste Frage antwortete eine Seminarteilnehmerin: »Steuermann natürlich!« Und auf die zweite: »Assistentin des Hilfskochs!«

Beispiel: Metaphorische Fragen in Unternehmen

Wenn Unternehmen oder einzelne Bereiche einen Strategie-Workshop durchführen, könnte dieser mit folgender Frage, die an alle Teilnehmer gerichtet wird, eingeleitet werden: »Stellen Sie sich vor, Marsmenschen landen unbemerkt vor unserem Unternehmen/unserer Abteilung und beobachten uns drei Tage lang. Was würden die wohl zu Hause auf dem Mars berichten? Was würden sie berichten, wenn sie uns ein Jahr nach diesem Workshop erneut beobachten?« Oder Sie fragen: »Welche Frage würden uns die Marsmenschen als allererste stellen?« Oder: »Welche Frage der Marsmenschen würden wir am meisten fürchten?«

Kreativität und Fantasie mit systemischen Fragen freisetzen

Vielleicht stellen Sie fest, dass die Beantwortung metaphorischer Fragen nicht nur anspruchsvoll ist, sondern auch Spaß machen kann. Fragestellungen und Probleme können durch metaphorische Fragen deshalb auch entkrampft werden. Dadurch werden Fantasie, Kreativität und oft auch neue Ideen freigesetzt.

»Verschlimmerungsfragen«

Verschlimmerungsfragen sind eine Herausforderung für alle Beteiligten. Ein paar Beispiele:

- »Wenn unsere Abteilung das Problem verschlimmern wollte, was müssten wir dann als erstes angehen?«
- »Was müsste passieren, damit die Stimmung in unserem Team von derzeit 2 auf 0 sinkt?«

Sie werden sich fragen: Was ist der Sinn und Zweck von Verschlimmerungsfragen? Die Antwort: Vielleicht erkennen die Beteiligten bei der Beantwortung solcher Fragen, worauf sie zukünftig ganz besonders achten müssen. Das Gespür für Gefahren wächst. Vielleicht stellen sie aber auch fest, dass sie im Prinzip gar nicht so weit entfernt von einer Verschlimmerung der Situation sind. Neben dieser möglichen Erkenntnis- steckt auch eine potenzielle Entlastungsfunktion in Verschlimmerungsfragen, frei nach dem Motto: Es ginge noch schlimmer!

Verschlimmerungsfragen sparsam nutzen

Wie auch immer: Verschlimmerungsfragen sollten sparsam eingesetzt werden, beispielsweise auch, um eine Situation zu entkrampfen.

Zusammenfassung: Zentrale Tipps

Fragen Sie insgesamt mehr

Wir möchten Sie ermuntern, nicht nur in Verbindung mit dem Format »Kollegiale Beratung« (hierzu mehr im folgenden Kapitel), sondern insgesamt im beruflichen Kontext mehr zu fragen. Wenn wir Sie angeregt haben, zukünftig mehr zu fragen – sei es in der Kommunikation mit Ihren unmittelbaren Kollegen oder auch im Unternehmen insgesamt –, werden Sie mit den dargestellten systemischen Fragen viel erreichen können.

Hier noch einige Tipps, wie Sie Ihre Fragen am besten formulieren, wenn Sie eine größtmögliche Wirkung erzielen wollen.

Nutzen Sie offene Fragen

Keinen Druck ausüben

Zunächst spielt die Form der Frage eine entscheidende Rolle: Eine offene Frage übt wesentlich weniger Druck auf den Gesprächspartner aus als eine geschlossene. Geschlossene Fragen verleihen einem Gespräch leicht den Charakter eines Verhörs und führen dadurch schnell zu einer Abwehrhaltung beim Gegenüber. Insbesondere dann, wenn viele geschlossene Fragen hintereinander gestellt werden.

Vermeiden Sie Warum-Fragen

Warum-Fragen wirken schnell anklagend und lösen bei vielen Personen das Gefühl aus, sich rechtfertigen zu müssen. Formulieren Sie Warum-Fragen um und fokussieren Sie dabei verschiedene Aspekte der Situation.

Nutzen Sie Woher-, Woran-, Wodurch- und Woraus-Fragen

»Warum«-Fragen umformulieren!

Mit diesen einfachen Fragewörtern bringen Sie die Person automatisch dazu, ihre Gedanken und Annahmen zu reflektieren. Sie fördern interne Bewertungs- und Beurteilungsprozesse zutage.

Achten Sie auf sprachbegleitende Signale

Bestimmte Elemente der Kommunikation, paraverbale (Stimme) und nonverbale (Körpersprache) Aspekte haben einen bedeutsamen Einfluss auf die Wirkung von Fragen. Jede einzelne Facette (also Lautstärke, Stimmvariation, Haltung, Blickkontakt, Raumverhalten usw.) bietet unzählige Variationen und Möglichkeiten, um z. B. beiläufig oder nachdrücklich zu fragen.

Fragen Sie eher kurz

Unsere Sätze sind generell umso verständlicher, je kürzer wir sie fassen. Das gilt natürlich auch für Fragen. Was das konkret bedeutet, lässt sich nicht exakt beziffern. Als Richtwerte lassen sich aber folgende Werte nennen:

- Kurze Sätze umfassen 6 bis 8 Wörter,
- mittellange Sätze bestehen aus 9 bis 22 Wörtern
- und lange Sätze umfassen 23 Wörter und mehr.

In Fragen nicht abschweifen!

Vereinfacht gilt: Je kürzer die Frage, desto besser wirkt sie. Mit zu langen Fragen werden Gesprächspartner abgelenkt, verwirrt und überfordert. Andererseits: Je länger die Frage, desto »gewährender« ist sie. Wobei mit der Länge auch die Gefahr des Abschweifens wächst. Überlegen Sie also zunächst immer, was Sie mit einer Frage beabsichtigen.

Stellen Sie »nur« Fragen

In Seminaren und kollegialen Beratungen stellen wir immer wieder fest, wie schwer es vor allem Führungskräften fällt, einfach »nur« Fragen zu stellen. Oft geht ihren Fragen ein langer Vorspann voraus, der die dann folgende Frage quasi zum bloßen Anhang degradiert. Oder die Fragen sind mit starken Wertungen behaftet. Im Grunde genommen will der Fragesteller dann eher eigene Botschaften vermitteln und mit einer Frage hauptsächlich belehren.

Mehrfachfragen vermeiden!

Vermeiden Sie Mehrfachfragen wie »Was haben Sie bislang gegenüber dem unwilligen Mitarbeiter unternommen, und welche Rolle spielt Ihr Chef in diesem Zusammenhang?«. Die Gefahr dabei: Neben einer möglichen Ver wirrung kann sich der Gesprächspartner aussuchen, auf welche Ihrer Frage er vor allem antwortet.

Vermeiden Sie Fragebombardements
Durch pausenlos aneinander gereihte Fragen wird zu viel Druck ausgeübt, der Angesprochene kann kaum in Ruhe antworten.

Zeigen Sie sich als Fragender
Normalerweise tritt der Fragende hinter der Frage zurück, seine Rolle findet in der Frageformulierung selbst keinen Niederschlag. Die Einfügung von Worten wie »Mich interessiert ...« oder »Ich bin neugierig ...« verweist hingegen auf die Aktivität des Fragers und führt (psychologisch) zu einer Entlastung des Befragten.

Neugier vermitteln

Machen Sie Pausen zwischen den Fragen
Je kürzer die Pause zwischen der Antwort des Befragten und Ihrer nächsten Frage, als umso drängender wird die Situation erlebt. Folgt Frage auf Frage, ähnelt die Situation einem Fragebombardement. Längere Pausen zwischen den Fragen geben dem Befragten mehr Zeit zum Antworten, er fühlt sich weniger bedrängt.

Hören Sie aktiv zu
Fragen ist ohne Zuhören nicht denkbar. Fragen und Zuhören gehören zusammen wie die beiden Hälften aus der Ying-Yang-Metapher. Achtung: Zuhören ist nicht gleich zuhören. Beim passiven Zuhören nimmt man das Gesagte zwar auf, gibt dem Gesprächspartner aber keine Rückmeldung. Schlimmstenfalls gibt man vorschnell eine wertende Antwort und rückt eigene Sichtweisen in den Vordergrund. Aktiv zuhören heißt hingegen, auf die Antwort des Gesprächspartners Bezug zu nehmen und ihn dafür weder zu tadeln (auch nicht subtil!) noch zu korrigieren oder zu loben. Man stellt sich selbst zurück und wendet sich voll und ganz dem Gesprächspartner zu.

Sich selbst zurückstellen

Vermeiden Sie suggestive Fragen
Bei Suggestivfragen gibt der Fragende die Richtung der Antwort vor. Man erkennt Suggestivfragen neben der Stimmführung an Worten wie »doch«, »etwa«, »wahrscheinlich« oder »nicht etwa«. Vermeiden Sie solche Wörter in Ihren Fragen.

Beispiel: »Sie meinen doch auch, dass der Veränderungsprozess sinnvoll war?« Oder: »Sind Sie etwa wirklich der Meinung ...?« Man sollte solche Fragen fast immer vermeiden und nur in ganz wenigen Ausnahmen bewusst – und dann auch nur humorvoll oder im positiven Sinn – verwenden.

Manipulieren Sie nicht

Bei inquisitorischen oder demagogischen Fragen unterstellt der Fragende in manipulativer Absicht bestimmte Antworten. Beispiel: »Aber Sie wissen doch genau, dass wir im Haus eine Dienstvorschrift haben, nach der das, was Sie getan haben, völlig unmöglich ist, oder?«

Anwendung solcher »Fragen«: Nie!

3. Phasenmodell der kollegialen Beratung mit systemischem Fragen

Ein strukturierter Beratungsprozess

Kollegiale Beratung ist eine innovative und ertragreiche Lernform, die mit systemischen Fragen verknüpft werden kann, wie wir in diesem Kapitel aufzeigen werden. Sie ist weder ein informeller Austausch noch ein freundlich-fachlicher Plausch unter Kollegen, wie der Begriff vielleicht fälschlicherweise suggeriert. Kollegiale Beratung ist strukturiert, und es besteht eine strikte Rollenverteilung. Kollegiale Beratung ermöglicht es, konkrete berufliche Probleme in einer kleinen Gruppe mit hierarchisch möglichst gleichgestellten Personen zu reflektieren und gemeinsam neue Lösungen für ein bestehendes Problem zu entwickeln.

Kollegiale Beratung ist eine Beratung unter Kolleginnen und Kollegen, die auf externe Beratung oder die Expertise eines neutralen Profis, z. B. eines Coachs oder Supervisors, vollkommen verzichtet. Die Beratung erfolgt aus der Gruppe selbst heraus. Um einen kollegialen Beratungsprozess zu organisieren, bedarf es einer Teilnehmerzahl von mindestens fünf bis (idealerweise) sechs oder acht Personen.

Bis heute existiert kein allgemein anerkanntes Begriffsverständnis von kollegialer Beratung. Begriffe wie kollegiale Supervision, Intervision, kollegiale Praxisberatung, kollegiales Coaching oder kollegiales Teamcoaching stellen Varianten des im Folgenden vorgestellten Grundmodells dar.

Alle beruflichen Fragestellungen sind als Thema geeignet

Kollegiale Beratung eignet sich für alle Themen und Inhalte mit beruflichem Kontext. Die Themenpalette ist breit und keineswegs auf Herausforderungen im Führungsalltag beschränkt. Voraussetzung ist lediglich die Konkretisierung eines beruflichen Themas oder Problems in Form eines individuell eingebrachten Anliegens.

Ein konstitutives Merkmal kollegialer Beratung besteht darin, dass die einzelnen Phasen und Prozesselemente wie »Befragung« und »Lösungsmöglichkeiten« strikt voneinander getrennt sind. So wird ein strukturierter und systematischer Verlauf des Reflexions- und Beratungsprozesses sichergestellt. Der klar strukturierte Ablauf des Verfahrens macht nicht nur den Unterschied zu anderen Beratungsformaten aus, sondern ist darüber hinaus der entscheidende Qualitäts- und Erfolgsfaktor des Instruments.

Die Beratung wird in Phasen aufgeteilt

Im Folgenden gehen wir von einem Grundmodell der kollegialen Beratung aus, das – strikt eingehalten – nach unserer Meinung ein Garant für die Qualität und den Erfolg dieses meist verblüffend zielführenden Beratungsformates ist. Der Ablauf einer kollegialen Beratung gliedert sich in verschiedene Phasen, die eine jeweils eigene Dynamik aufweisen und in der Zeitabfolge strikt voneinander zu trennen sind. Wie bereits erwähnt, liegt in dieser Trennung ein wesentlicher Erfolgsfaktor des Instruments.

Im Folgenden geben wir einen Überblick über das Phasenmodell der kollegialen Beratung, in das wir die konsequente Anwendung systemischer Fragen integriert haben.

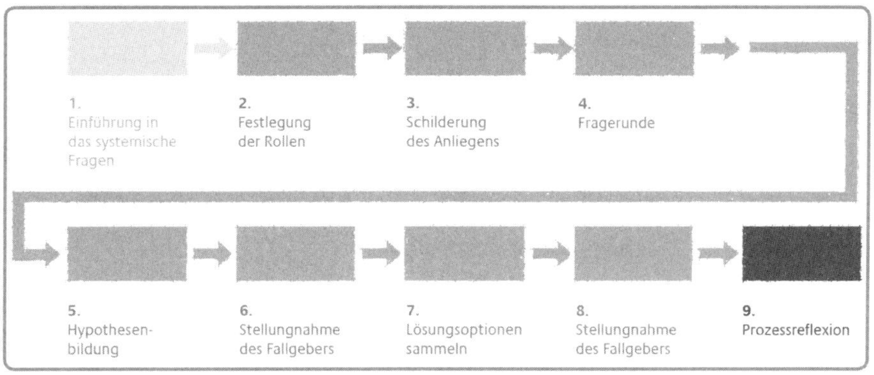

Abb. 4: Abfolge der Phasen in allgemeiner Reihenfolge (ohne Berücksichtigung der Dauer)

Das Phasenmodell der kollegialen Beratung

Phase 1: Einführung in das systemische Fragen
einmal pro Kurs; Dauer: ein halber Tag; das heißt, das erste Seminar wird meist anderthalb Tage dauern, wobei auch eine Dauer von einem Tag möglich ist.

Phase 2: Festlegung der Rollen
Fallgeber, Berater, Moderator, Reflecting Partner

Phase 3: Schilderung des Anliegens
- Darstellung des Themas/Anliegens
- Skizzierung des Systems
- Formulierung der Schlüsselfrage

Phase 4: Fragerunde
individuelles und kollektives Fragen; dabei zweimaliges Unterbrechen durch den Reflecting Partner

Phase 5: Analyse des Anliegens/Hypothesenbildung
Eingreifen des Reflecting Partner

Phase 6: Der Fallgeber nimmt Stellung zur Analyse und Hypothesenbildung
dabei systemische Fragen an den Fallgeber

Phase 7: Lösungsoptionen sammeln

Phase 8: Der Fallgeber nimmt Stellung zu den Lösungsoptionen

Phase 9: Prozessreflexion
dabei Fokus auf systemische Fragen

Abb. 5: Kollegiale Beratung mit Moderator (ganz oben), Reflecting Partner (links) und Fallgruppe (Fallgeber oben, darunter fünf zugeordnete Kollegen)

Die Gesamtdauer einer kollegialen Beratung beträgt durchschnittlich 90 bis 120 Minuten. Die Zeitangaben zu den einzelnen Phasen sind nur Richtwerte, sie können von Fall zu Fall variieren. Ein Großteil der Literatur geht von ca. einer Stunde als Gesamtdauer aus. Unsere praktische Erfahrung zeigt aber, dass vor allem Fallbesprechungen, in denen Führungs-, Kommunikations-, Konflikt-, Projekt- oder Selbstmanagementprobleme thematisiert werden, selten kürzer als zwei Stunden sind, während bei eher fachlichen Fragestellungen mit ca. 90 Minuten gerechnet werden muss.

Abbildung 6 skizziert die Struktur und Reihenfolge der Phasen, mit Berücksichtigung der ungefähren Dauer der einzelnen Phasen. Dabei zeigt sich, dass die Fragerunde (Phase 4) und die Hypothesenbildung (Phase 5) am meisten Zeit einnehmen. Darin spiegelt sich auch die herausgehobene Bedeutung dieser Phasen in unserem Modell.

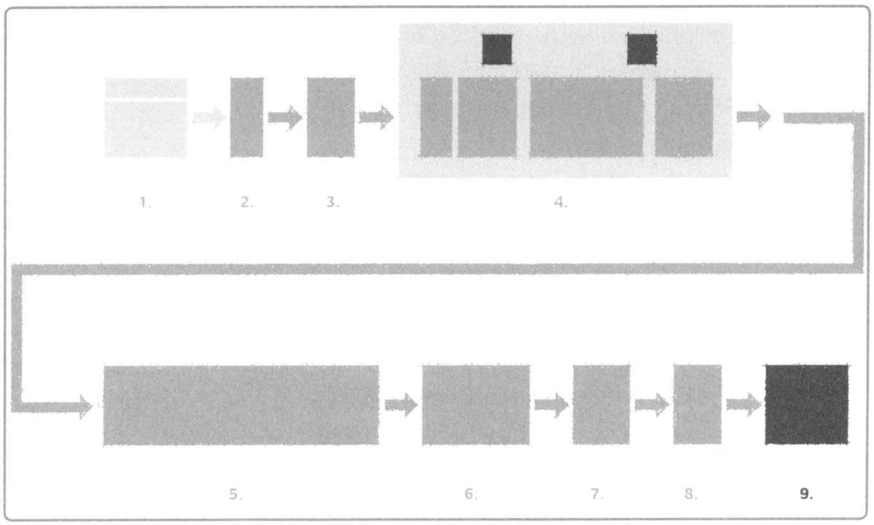

Abb. 6: Abfolge der Phasen in allgemeiner Reihenfolge (mit Berücksichtigung der Dauer)

Weitere Hinweise zur Grafik: Die vertikale Zweiteilung der ersten Phase verweist darauf, dass dem Gesamtprozess der kollegialen Beratung am Anfang einmalig eine längere »Einführung in systemisches Fragen« vorgeschaltet ist. Diese entfällt bei weiteren Sitzungen. Die umrahmte Fragephase verweist auf mehrere Sachverhalte:

- Im allerersten Teil überlegen sich die Berater jeweils für sich Fragen.
- Die Fragerunde ist in drei Phasen unterteilt, die jeweils von kurzen Stellungnahmen des Reflecting Partner (schwarze Quadrate) unterbrochen werden.

3.1 Phase 1: Einführung in das systemische Fragen

Auf die Idee zu diesem Buch sind wir gekommen, nachdem wir bei unserer Arbeit mit Führungskräften feststellen mussten, dass die Einbindung systemischer Fragen in das Instrument »Kollegiale Beratung« zwar in der Literatur oft nahegelegt wird, in der Praxis aber meist nicht über eine »Schmalspur«-Einführung hinauskommt, die keineswegs ausreicht, um die Berater zu einem systemischen Frageverhalten zu befähigen.

Führungskräfte stellen selten Fragen

Führungskräfte scheinen es nicht gewohnt zu sein, mit systemischen Grundhaltungen und Fragetechniken an komplexe Situationen heranzugehen. Wie kommt das? Eine plausible Erklärung liefert der Managementforscher Bernhard Hauser: »Die meisten Menschen fangen an, Lösungen vorzuschlagen oder von eigenen Erfahrungen zu berichten, wenn sie von einem Problem hören. Führungskräfte sind darin besonders routiniert. Auf Problemschilderungen von Mitarbeitern antworten sie mit Lösungen, Vorschlägen, Anordnungen, aber häufig nicht mit Gegenfragen. Fragen zu stellen scheint also für viele gar nicht so selbstverständlich zu sein« (Hauser 2012).

Für dieses Phänomen, das wir aus unserer praktischen Erfahrung bestätigen können, liefert Hauser eine interessante sozialpsychologische Erklärung: Sobald Menschen anderen Menschen ein Problem schildern, hören diese immer auch die unausgesprochene Botschaft mit: »Kannst du mir helfen?« oder »Was würdest du tun, um dieses Problem zu lösen?«.

Die Problemschilderung eines Fallgebers, mit der eine kollegiale Beratung immer beginnt, versetzt viele Berater quasi zwangsläufig von Anfang an in einen Helfer-Modus. Die Problemschilderung ist zunächst eine ungelöste Situation, die nach Handlung verlangt. Sofort kommen den Beratern Vorschläge in den Sinn, die sie davon abhalten, das zu tun, was in diesem frühen Stadium geboten und die Voraussetzung für wirklich gute Lösungen ist: nämlich durch gezieltes und kluges Fragen zunächst einmal die eigene Informationsbasis zu erweitern, um dann der spezifischen Situation angemessene Lösungen zu entwickeln.

Neue Gruppen sollten daher vor Beginn der kollegialen Beratung an einer mindestens halbtägigen theoretischen und praktischen (das heißt mit konkreten Übungen verbundenen) Einführung zu den Fundamenten systemischer Fragetechniken teilnehmen – und möglichst auch zu den dafür erforderlichen systemischen Grundhaltungen.

Die wichtigsten systemischen Fragearten

Das erste Seminar wird deshalb in der Regel anderthalb Tage dauern, wobei auch eine Dauer von einem Tag mit einer halbtägigen Einführung in systemisches Fragen möglich ist. Wir plädieren dafür, eine zumindest kurze, sprich halbtägige Einführung in die Grundlagen systemischen Fragens als integralen Bestandteil kollegialer Beratungsprozesse einzuplanen.

Inhalte von Phase 1:

Systemisches Fragen muss gelernt werden

- Was heißt systemisches Denken, wodurch zeichnet sich eine systemische Grundhaltung aus?
- Die wichtigsten systemischen Fragearten:
  - zirkulär
  - skalierend
  - hypothetisch
  - Bilder und Metaphern
  - weitere systemische Fragen (Verschlimmerungsfragen, Fragen nach Ausnahmen)
- Was macht eine gute Frage aus?

Wichtig: Eine erfolgreiche kollegiale Beratung lebt von der Kraft der Fragen. Systemische Fragen führen dazu, dass dem Fallgeber aus möglichst vielen Blickwinkeln neue Einsichten gewährt und bisherige Problemwahrnehmungen und Wirklichkeitskonstruktionen kritisch betrachtet werden. Es ist einer der größten, wenn nicht gar der größte Erfolgsfaktor kollegialer Beratung, gute, anregende und erkenntnisfördernde Fragen zu stellen. Deshalb ist eine profunde Qualifizierung in systemischem Fragen durchaus erfolgskritisch für das Ergebnis der kollegialen Beratung.

3.2 Phase 2: Festlegung der Rollen

Fallgeber, Berater, Moderator und Reflecting Partner

Zu Beginn einer kollegialen Beratung nehmen die einzelnen Gruppenmitglieder verschiedene Rollen ein, die sie im Verlauf der gesamten Beratungssequenz beibehalten. Die zu besetzenden Rollen, die von Fall zu Fall wechseln, verteilen sich auf

- die Person, die ein Anliegen vorbringt (Fallgeber),
- eine Gruppe aus Beratern (Berater-Team) sowie
- den Moderator bzw. Zeitwächter.

Die optimale Größe für die Bearbeitung eines Anliegens in der kollegialen Beratung liegt bei sieben bis acht Personen, die Mindestteilnehmerzahl liegt bei fünf Personen, also einem Fallgeber, einem Moderator, zwei Beratern und einem

- Reflecting Partner,

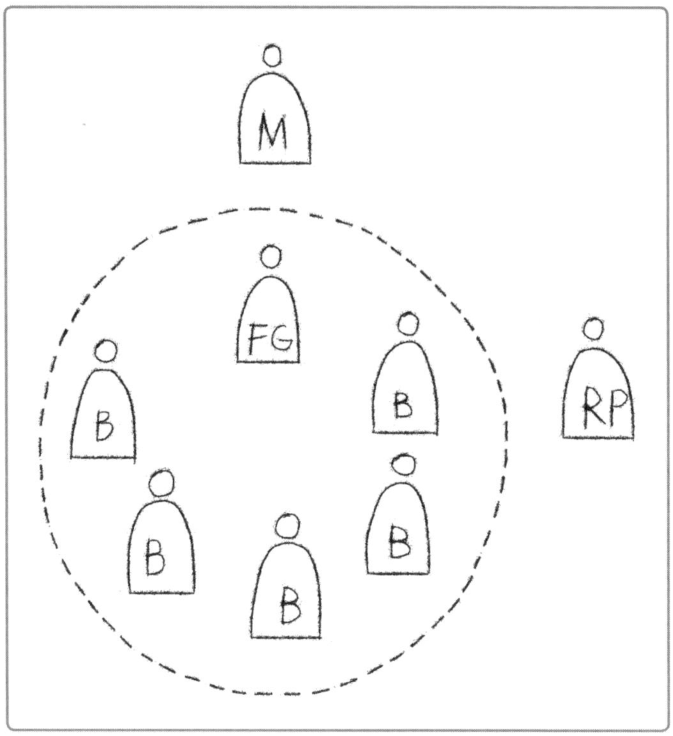

den wir im Folgenden noch vorstellen. Die Aufgaben der Teilnehmer werden gleich in jeder einzelnen Phase konkret beschrieben. Vorab nur grundsätzlich: Der Fallgeber bringt eine Fragestellung aus seinem beruflichen Kontext ein. Wichtig ist, dass es sich hier um ein authentisches Anliegen handelt, das den Fallgeber aktuell beschäftigt oder bewegt. Denn eine kollegiale Beratung ist kein Rollenspiel. Zwingende Grundvoraussetzung ist ein »echtes« und authentisches Thema.

Die **Berater** befragen den Fallgeber, diskutieren sein Thema, nehmen unterschiedliche Perspektiven ein, entwickeln Lösungsoptionen. Der **Moderator** leitet den gesamten Prozess. Er achtet (möglichst penibel!) darauf, dass die Beteiligten nur das tun, was in den einzelnen Phasen geboten und erlaubt ist.

Reflecting Partner und Reflecting Team

Wir führen mit unserem Modell die Rolle des **Reflecting Partner** neu ein. Der Reflecting Partner hat die Funktion und Aufgabe, der gesamten Gruppe während und nach dem Beratungsprozess mitzuteilen, was ihm als Beobachter aufgefallen ist, wie er den Prozessverlauf als Außenstehender erlebt. Vor allem achtet er auf die systemische Ausrichtung des Beratungsprozesses und die Anwendung systemischer Fragetechniken, er fungiert quasi als Berater der Berater, also als eine Art Supervisor des Beratungsprozesses. Eine zentrale Aufgabe des Reflecting Partner ist es, das Frageverhalten der Berater, sprich deren Fragekompetenz zu supervidieren.

Der Reflecting Partner in der Kollegialen Beratung beruht auf dem bekannten Konzept des »Reflecting Team«, das wiederum auf der von dem norwegischen Sozialpsychiater Tom Andersen entwickelten Methode des Reflexionsgesprächs in der Systemischen Therapie fußt. Es wurde in den Arbeiten und Veröffentlichungen der sogenannten Mailänder Gruppe in den Siebziger Jahren erstmals einer breiteren Öffentlichkeit vorgestellt. Dabei tauschen (in der Regel) am Ende einer Therapiesitzung Therapeut und Klient(en) mit dem Co-Therapeuten-Team die Plätze. Therapeut und Klient(en) beobachten nun, wie das Co-Therapeuten-Team das bisherige Geschehen aus ihrer Sicht in einer hilfreichen und unterstützenden Art und Weise reflektiert.

Blick von außen eröffnet andere Perspektiven

Ausgangspunkt dieses Designs war die Erfahrung bzw. der Gedanke, dass Außenstehende im Vergleich zu direkt Betroffenen oftmals eine andere, mitunter komplexere und unvoreingenommenere Perspektive auf das Beratungsgeschehen haben. Die Ursachen dafür sind verschieden:

- Zum einen führt eine höhere Zahl an Beobachtern generell zu einer differenzierteren Wahrnehmung der Prozesse: Vier Augen sehen mehr als zwei.
- Zum anderen ist die Wahrnehmung des Moderators oftmals durch den Gruppenprozess gebunden, sodass viele Details gar nicht in der Tiefe wahrgenommen werden können.

Nun ist das Setting einer kollegialen Beratung sicherlich weit entfernt von einer psychologischen Paarberatung. Gleichwohl bot es sich für uns an, quasi ein Element dieser Arbeit in die kollegiale Beratung zu integrieren, wobei wir statt eines Teams lediglich eine Person, also einen Partner einbeziehen. Natürlich kann man aber auch, wenn (zu) viele Kolleginnen und Kollegen anwesend sind, mehreren Personen diese Rolle zuweisen.

Struktur des Reflecting Partner/des Reflecting Team:
- normalerweise eine Person aus dem Kreis, die sich für diese Aufgabe interessiert; je nach Gruppengröße können es auch zwei oder mehr Personen sein.
- Der Reflecting Partner sitzt etwas abseits, idealerweise nicht im direkten Blickfeld des Fallgebers und der Beobachter.

Aufgaben des Reflecting Partner:

Reflecting Partner gibt Beratern Feedback

- Er beobachtet vor allem die Fragenden und deren Frageverhalten.
- Im Zentrum stehen die Art, die Formulierung und die Qualität der Fragen, die dem Fallgeber gestellt werden.
- Der Reflecting Partner achtet darüber hinaus auf die Einhaltung zentraler Regeln, z. B. dass keine als »Frage« getarnten Ratschläge erteilt werden.

Arbeit des Reflecting Partner:
- Er protokolliert seine Beobachtungen und gibt der Gruppe dreimal Feedback: zweimal während der Befragung und einmal ganz am Ende.
- Nach zehn Minuten Befragung unterbricht er die Runde zum ersten Mal und gibt Feedback (siehe unten).
- Nach weiteren zehn Minuten wiederholt er dieses Vorgehen.

- Nur in Ausnahmen kann der Reflecting Partner auch spontan die Gruppe unterbrechen, dies sollte aber auf wirkliche Ausnahmen beschränkt bleiben.

Weitere Folgen und Wirkungen des Reflecting Partner:
- Für den Reflecting Partner selbst: Er erlebt die Bedeutung einer Metaperspektive.
- Für das Team: Es erlebt die Vorteile einer solchen Distanzierung.
- Für den Fallgeber: Er kann eine Entlastung und eine Perspektivvielfalt erfahren.
- Für den Moderator: Er erfährt eine Entlastung.
- Für das Gesamtsystem bzw. die Organisation: Es wird eine neue Art der Prozessbegleitung angeboten.

3.3 Phase 3: Schilderung des Anliegens

- Darstellung des Anliegens
- Skizzierung des Systems
- Formulierung des Anliegens (positiv formuliert, in einem Satz)

Zu Beginn einer kollegialen Beratung schildert der Fallgeber sein Anliegen und erläutert, wie sich aus seiner Sicht die von ihm beschriebene (Problem-)Situation darstellt. Der Fallgeber sollte sein Thema möglichst konkret und für andere nachvollziehbar beschreiben. Er steht in dieser ersten Phase der Schilderung des Anliegens vor allem vor der Herausforderung, die wesentlichen Aspekte seines Problems herauszuarbeiten. Das heißt, er muss sein Thema für die Berater nachvollziehbar strukturieren und die Problemschilderung in einem begrenzten Zeitfenster von fünf bis zehn Minuten unterbringen.

Der Fallgeber darf nicht durch Nachfragen unterbrochen werden

Wichtig ist, dass der Fallgeber bei seiner Schilderung der Sachlage nicht von den Beratern unterbrochen wird. Die Berater hören zu und machen sich gegebenenfalls Notizen. Nachfragen sind in dieser Phase nicht erlaubt. Der Fallgeber sollte zunächst auf der Sachebene über sein Problem informieren, die wichtigsten Fakten zu seinem Arbeitskontext, die beteiligten Personen oder bisherige Lösungsversuche benennen. Darüber hinaus ist es – insbesondere bei Führungs- oder Konfliktthemen – immer auch sinnvoll, die emotionale Ebene zu beleuchten. Hierzu gehören z. B. Informationen darüber, welche Gedanken oder Gefühle ein Ereignis oder eine Situation ausgelöst hat.

Berater nehmen nur auf

Zielführend ist es in dieser ersten Phase auch, seine aktuelle Situation in ein Bild oder eine Metapher zu kleiden. Denn Bilder und Metaphern sind meist mit Emotionen verbunden und können darüber hinaus ein vielleicht komplexes Problem auf seinen Wesenskern herunterbrechen. Damit bewirken sie bei den Beratern oft mehr als die vorangegangene Schilderung der reinen Fakten. Die Berater nehmen im Übrigen nicht nur Informationen und Fakten auf, sondern achten ebenso auf die Köpersprache, sprich die Gestik, Mimik und Haltung des Fallgebers.

Visualisierung des Anliegens

Das Thema des Fallgebers bekommt ein Gesicht

Nach der Schilderung des Anliegens bietet sich eine Visualisierung der Situation an. Diese Visualisierung ist Aufgabe des Fallgebers. Warum ist Visualisierung wichtig? Ein zentraler Aspekt des systemischen Ansatzes ist die Vernetztheit. Das bedeutet, dass die einzelne Person, also hier der Fallgeber, nie alleiniger Akteur ist, sondern stets in eine bestimmte Situation eingebunden ist. In dieser Situation – man kann auch sagen: in diesem System – gibt es eine Fülle von (anderen) Personen, Prozessen, Strukturen, Vorschriften, Räumen und Ideen, die in vielfältiger Verflechtung und Abhängigkeit voneinander stehen und bedeutsamen Einfluss auf das Verhalten des Fallgebers haben.

Die Beschreibung einer Situation als »System« stellt eine gezielte Erweiterung des Begriffs »Situation« dar. Sie betont den Aspekt, dass eine Situation nie statisch ist, sondern ein dynamisches Gleichgewicht zwischen verschiedenen Einflussfaktoren darstellt, die wechselseitig miteinander verflochten sind. Dieser »Zustand« ist nie zufällig, sondern das Ergebnis vielfacher Austauschprozesse, gekennzeichnet von vielfältigen Kompromissen. Unter diesem Blickwinkel stellen auch scheinbar »unlogische« Systeme eine aktive Lösungsleistung der beteiligten Personen dar.

Um Ansatzpunkte für weitergehende Fragen zu finden, bietet es sich an, die Gesamtsituation des Systems systematisch zu erfassen und zu strukturieren. Oft besteht nämlich die Gefahr, dass man sich bei der Analyse einer Situation auf einige wenige naheliegende Faktoren beschränkt. Nicht sofort einsichtige, aber nichtsdestotrotz wichtige Parameter geraten dadurch aus dem Blickfeld.

Unsere Erfahrung hat gezeigt, dass es für den Gesamtprozess sehr hilfreich ist, wenn der Fallgeber möglichst früh sein System bzw. Teile davon visualisiert (in der Praxis: auf einem Flipchart aufzeichnet). Folgende Aspekte stehen dabei im Vordergrund:

Vorteile der Visualisierung

Für den Fallgeber:

- Er wechselt vom auditiven in den visuellen Kanal: Oftmals sind Worte mit bestimmten subjektiven Bedeutungen verknüpft, deren Inhalt sich sprachlich nur ungenügend erschließen lässt. Bilder helfen hier.
- Grafische Darstellungen schaffen Distanz, ermöglichen eine neue Perspektive und entlasten den Fallgeber.
- Visualisierung entschleunigt den gesamten Prozess.
- Allein das Tun ist schon ein kreativer Akt, in dem manchmal sehr viel Lösungsarbeit steckt.
- Der Fall steht quasi für alle Beteiligten »sichtbar« im Raum.

Visualisierung eröffnet neue Perspektiven

Für die Beobachter (und den Reflecting Partner):

- Sie bekommen ein Gefühl für die Komplexität der Situation und die wechselseitigen Verbindungen.
- Visualisierung dient vor allem als Anhaltspunkt für verschiedene »Fragefokussierungen«, das heißt als Ideenspender dafür, was man noch hinterfragen könnte.

Für den Moderator:

Bilder bewirken mehr als Worte

- Er bekommt einen Eindruck von der Komplexität des Falles und kann gegebenenfalls eine Über-Komplexität ansprechen bzw. seiner Meinung nach ausgeblendete, aber relevante Aspekte thematisieren.
- Auch er wechselt vom auditiven in den visuellen Kanal: In aller Regel bewirken Bilder mehr als Worte.

Um die Gesamtsituation grafisch festzuhalten, kann eine »Systemlandschaft« oder ein »Strukturbild« erstellt werden, indem man die wichtigsten Elemente, sprich Personen erfasst, systematisiert und darstellt. Hier führen wie immer viele Wege zum Ziel. Je mehr relevante Informationen dargestellt werden, umso besser für die Beratung. Dabei sollte man die Situation aber nicht zu sehr verkomplizieren und die Beteiligten nicht mit übertriebenen Erwartungen bzw. Forderungen abschrecken.

Die folgenden Skizzen sollen dies versinnbildlichen. Im Beispiel berichtet der Fallgeber (= Abteilungseiter) von einem Mitarbeiter, der regelmäßig mit seinen Kollegen in Streit gerät und dadurch immer mehr die Rolle des Außenseiters einnimmt, obwohl er an sich gute Arbeit macht. Im einfachsten Fall skizziert der Fallgeber mit einigen Strichen seine Situation:

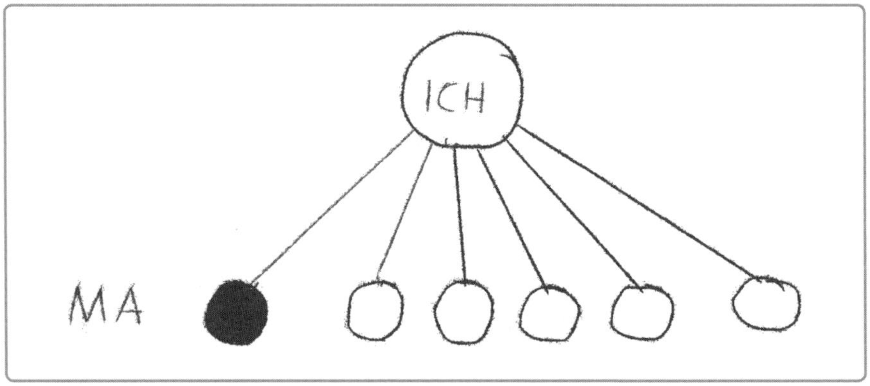

Das erste Bild zeigt die Führungskraft, darunter sind die Mitarbeiter angeordnet. Der »Außenseiter« ist dunkel schraffiert. Bereits diese einfache Grafik verändert die Beratungssituation. Nun kommt es auf die Fragen der Berater an, etwas mehr Struktur in die Situation zu bringen. Fragen können z. B. sein:

- Wie ist die räumliche Anordnung der Mitarbeiter?
- Welche Unter-Teams gibt es?
- Wie sind die Aufgabengebiete verteilt?
- Welche (kollegiale) Nähe und Distanz gibt es im Team?

Daraus kann das zweite Bild entstehen, das bereits eine Fülle weiterer Informationen enthält (Außenseiter rechts oben). Wieder kommt es auf die Fragen der Berater an, um mehr Struktur in die Situation zu bringen:

- Wie alt sind die Mitarbeiter?
- Wie ist der Anteil zwischen Männern und Frauen?
- Wie lange sind die Mitarbeiter schon im Unternehmen oder in der Abteilung?
- Welche Bedeutung hat der Chef bei dem Ganzen?

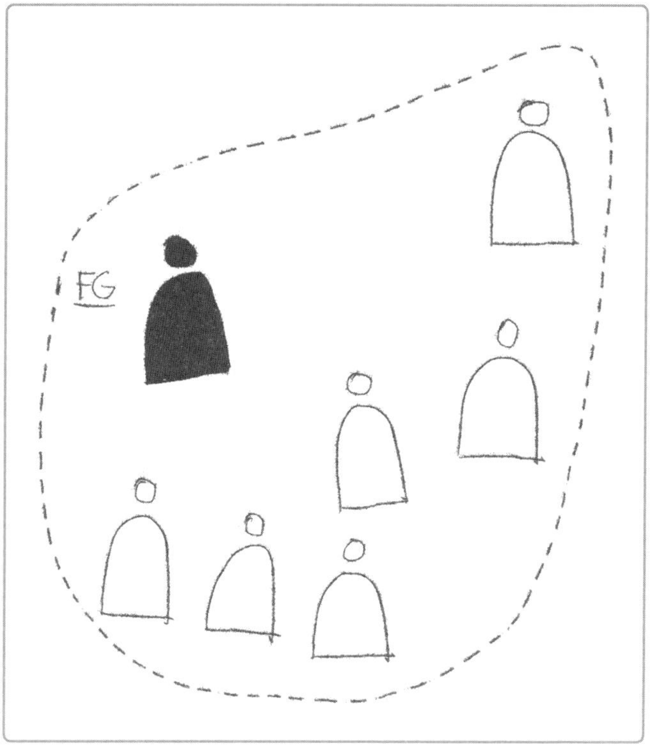

Daraus kann wiederum das dritte Bild entstehen, das abermals eine Fülle weiterer Informationen enthält (Außenseiter rechts oben):

- Links oben ist der Chef integriert,
- die Geschlechter sind markiert (dunkler Saum bedeutet »männlich«),
- Kleingruppen (mit schraffierter Linie) sind eingetragen,
- ebenso das Alter (obere Zahl), die Betriebszugehörigkeit (Zahl links unten) und die Verweildauer in der Abteilung (Zahl rechts unten) sowie
- ein Aufgabengebiet (§ steht für Gesetzesbearbeitung).

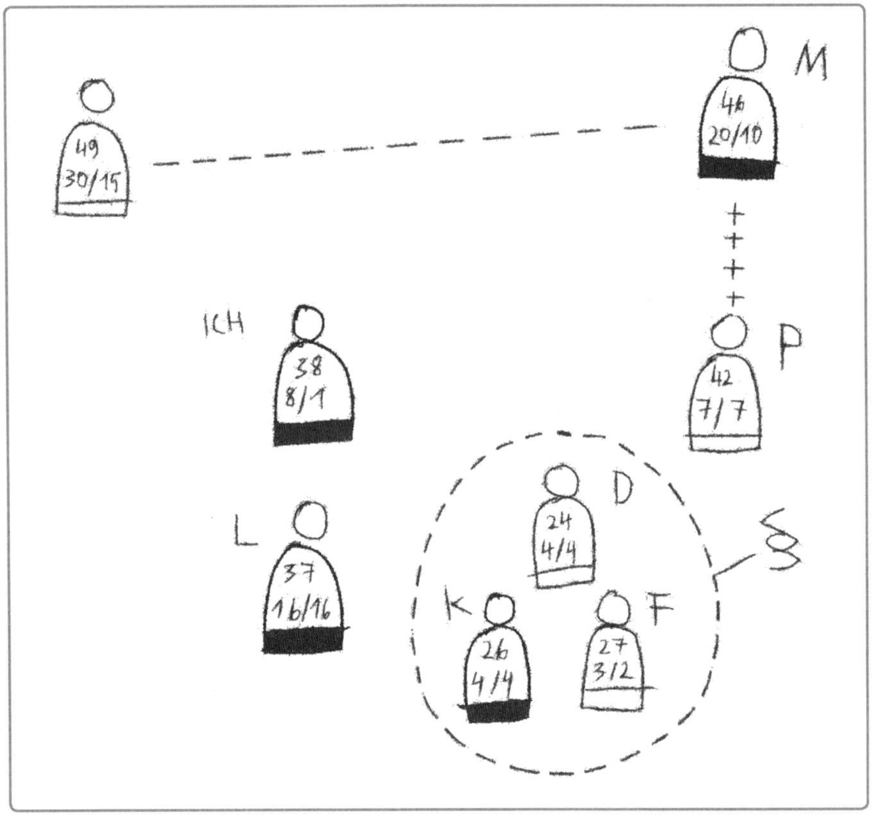

Natürlich gibt es hier eine Vielzahl weiterer Optionen, z. B. die Verwendung einheitlicher Symbole anstatt von Personenskizzen (Dreieck = Protagonist, Kreis = Frauen, Quadrat = Männer). Man kann auch Beziehungslinien zeichnen:

- +++++++ für gute Beziehung
- +-+-+-+-+ für neutrale Beziehung
- ------------ für Konflikt
- .... für keinen Kontakt

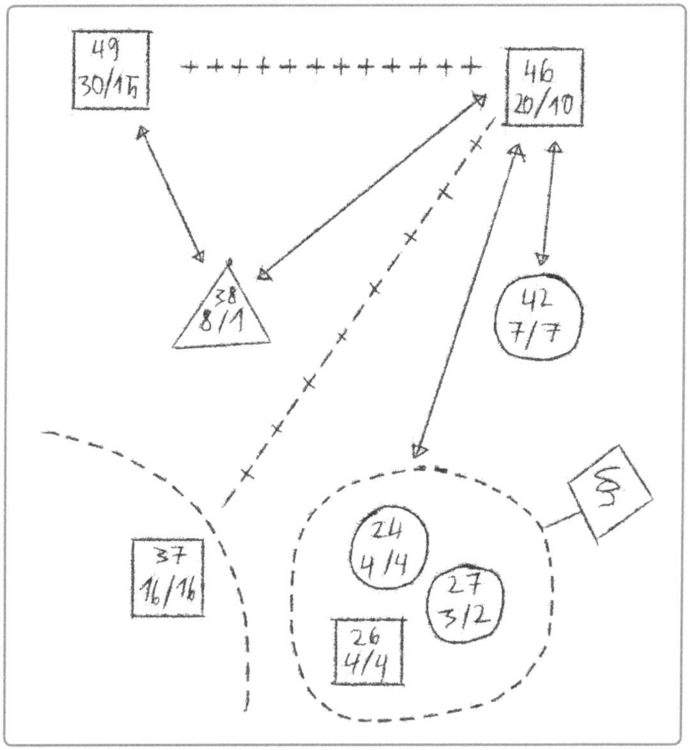

Indes sollte man diesen Schritt nicht zu sehr verkomplizieren. Oft ist weniger mehr. Wichtiger als eine möglichst hohe Detailtreue ist die Fokussierung auf das Ziel.

Durch Visualisierung zu neuen Fragen

Die zentralen Aspekte sind:

- Für die Gesamtsituation der kollegialen Beratung: Im Kern kommt es immer darauf an, dem Systemgedanken Rechnung zu tragen. Das heißt, die Komplexität der Situation soll abgebildet werden.
- Für den Fallgeber: Er soll über das Tun mehr Klarheit erhalten.
- Für die Beobachter: Sie sollen Ansatzpunkte für weitere Fragen erhalten.

- Für den Reflecting Partner: Er soll die Vielfalt der Fragen beurteilen können.
- Für den Moderator: Er soll Haupt- und Nebenschauplätze sondieren können.

Erweiterungen

Folgende Erweiterungen sind denkbar und möglich (die meisten Zuordnungen stammen vom Fallgeber):
- Man kann einzelnen Personen typische Sätze zuordnen (z. B.: »Immer muss hier jemand dominieren!«).
- Man kann die Personen durch Gegenstände repräsentieren, die metaphorisch deren Eigenarten erfassen sollen (z. B. Steine, Bilder etc.). Mit Steinen kann man z. B. zeigen, dass viele Mitarbeiter »geschliffene Strukturen« aufweisen, während für den Außenseiter ein roher Kalkstein verwendet wird.
- Man kann aus Baukästen (z. B. Szeno-Kasten) Holzfiguren unterschiedlicher Größe verwenden und über Fäden die Beziehungen zueinander darstellen.
- Im Extremfall kann man sogar eine kurze Strukturaufstellung machen, in der der Fallgeber eine Person nach einem bestimmten Kriterium aufstellt (wobei man hier sehr vorsichtig sein muss und keine Methoden mischen darf, um eine unkontrollierte Dynamik zu vermeiden).

Systemlandschaft

Bei der Systemlandschaft gibt es kein Patentrezept bezüglich der Reihenfolge der Fragen. Aus praktischen Gründen empfiehlt es sich jedoch,
- mit unbelebten Objekten zu beginnen,
- diese nacheinander zu analysieren,
- nicht zu sehr zwischen verschiedenen Themen zu springen,
- im zweiten Schritt die beteiligten Menschen zu befragen
- und dann die Wechselwirkungen zwischen Menschen, Objekten sowie Menschen und Objekten zu analysieren.

Einen Aspekt zum Thema »systemisches Fragen« möchten wir an der Stelle noch hervorheben. Vor dem Hintergrund einer solchen Systemlandschaft lassen sich generell zwei Arten von Fragen unterscheiden: Objekt- und Beziehungsfragen.

Während sich Objektfragen (gerade Pfeile links in Abb. 7) mehr auf Details zu den beteiligten Personen und relevanten Gegenständen konzentrieren, fokussieren Beziehungsfragen (gebogene Pfeile rechts in Abb. 7) die wechselseitigen Abhängigkeiten und Relationen. Hier kommt das »eigentlich« Systemische zum Tragen: die Analyse der Strukturen und Beziehungen der beteiligten Elemente eines Systems sowie die Erklärungen, die der Einzelne und die anderen Beteiligten über sich und die verschiedenen Umwelten haben.

Analyse von Strukturen und Beziehungen

Viele »Frager« schießen sich sehr früh auf Personen und deren vermeintliche Eigenschaften oder Charaktermerkmale ein. Unter einem systemischen Blickwinkel fokussiert man hingegen die Art und Weise, in der diese Personen mit ihren Umwelten interagieren und kommunizieren.

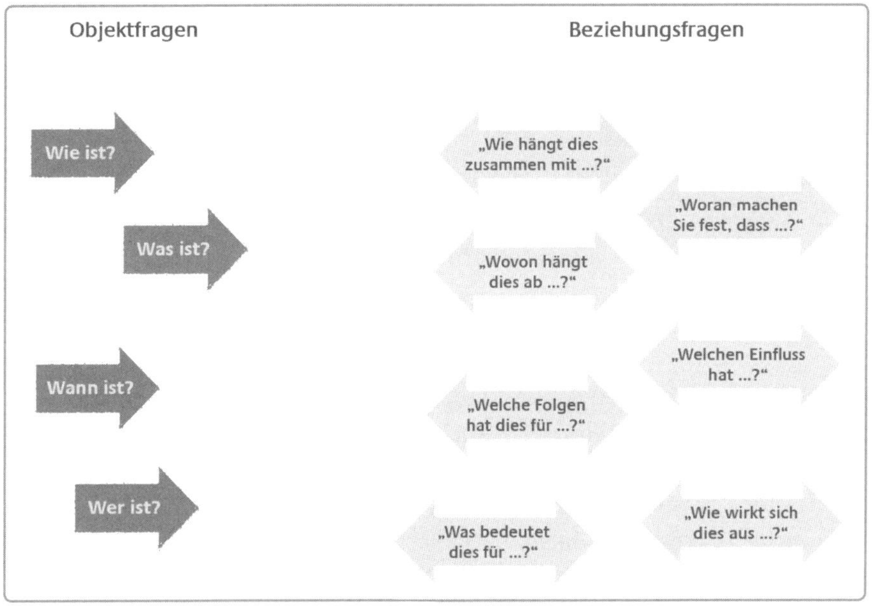

Abb. 7: Objektfragen und Beziehungsfragen

Die Schlüsselfrage

»Ich« und positiv

Die Schilderung des Anliegens endet mit der sogenannten Schlüsselfrage des Fallgebers an die Berater: Welchem Ziel soll die nun folgende kollegiale Beratung dienen, welche Frage des Fallgebers soll beantwortet werden? Die Schlüsselfrage muss eine **Ich Botschaft** enthalten und sollte auf das Verhalten oder die Verhaltensoptionen des Ratsuchenden zielen – nicht auf das gegebenenfalls zu verändernde Verhalten Dritter. Und sie sollte **positiv formuliert** sein. Die Schlüsselfrage sollte z. B. nicht lauten: »Was kann getan werden, damit sich die Atmosphäre in der Abteilung nicht noch mehr verschlechtert?«, sondern »Was kann **ich** tun, damit sich die Situation **verbessert**?«.

Die Schlüsselfrage fokussiert das Thema

Mit der Schlüsselfrage wird das Thema eingegrenzt, die Komplexität aus Sicht des Fallgebers auf den Kern des Problems reduziert. Auch psychologisch ist es für den Fallgeber wichtig, eine einzige Frage bzw. ein Anliegen konkret zu formulieren, also eindeutig Position zu beziehen und zu erklären, was er genau will. Nicht zu vernachlässigen ist dabei die Tatsache, dass bereits diese Fokussierung eine erste »Intervention« im Rahmen des kollegialen Beratungsprozesses darstellt. Denn der Fallgeber legt sich innerlich und äußerlich fest. Er muss sich fragen: »Was will ich im Kern erreichen? Auf welches der vielen Probleme bzw. auf welche der vielen Komponenten, die mit dem Fall verbunden sind, will ich mich konzentrieren?«

Rollenverteilung bei der Schilderung des Anliegens

Wer macht was?

- Der Fallgeber schildert sein Problem und formuliert die Schlüsselfrage.
- Der Moderator achtet darauf, dass der Fallgeber nicht unterbrochen wird, und visualisiert die Schlüsselfrage. Er bittet den Fallgeber, sein Thema (z. B. die Beteiligten, die Struktur des Projekts) am Flipchart zu skizzieren.

- Die Berater hören zu, unterbrechen nicht, machen sich Notizen, achten auch auf nonverbale Signale wie Körpersprache, Mimik und Gestik.
- Der Reflecting Partner beobachtet den gesamten Prozess und die Wahrnehmung der unterschiedlichen Rollen durch alle Beteiligten.

3.4 Phase 4: Fragerunde

- individuelle Formulierung der Fragen
- kollektives Fragen
- zweimaliges Unterbrechen durch den Reflecting Partner

In der vierten Phase der kollegialen Beratung hat die Beratergruppe die Möglichkeit, Informationslücken durch Nachfragen an den Fallgeber zu schließen. Bislang haben die Berater lediglich einen ersten Eindruck von der Problemlage des Ratsuchenden erhalten. Die jetzt folgende Fragerunde soll das Verständnis der Berater für das Problem vertiefen, etwa mit folgenden Fragen: »Wie lange leiten Sie dieses Projekt schon?«, »Wie lange ist die Kollegin schon unzuverlässig?«, »Wie alt ist die Kollegin?«, »Welche anderen Aufgaben hat die Kollegin in ihrer Linienfunktion?«, »Wie ist insgesamt die Stimmung in diesem Projekt?« oder besser: »Wie ist insgesamt die Stimmung in diesem Projekt auf einer Skala von 1 bis 10?«

Es geht in dieser Phase darum, durch gezieltes Fragen ein genaueres Bild von der Problemlage des Fallgebers zu erhalten. Rezepte oder Bewertungen – auch nonverbaler Natur – des Beraterteams sind in dieser Phase nicht erlaubt. Hier kommt nun möglichst das ganze Repertoire **systemischer Fragetechniken** zum Einsatz (siehe Kapitel 2), insbesondere:

- Zirkuläre Fragen
- Skalierungsfragen
- Hypothetische Fragen
- Fragen nach Bildern und Metaphern

Berater stellen systemische Fragen

Es bietet sich an, den Beratern eine drei- bis fünfminütige Reflexionsphase einzuräumen, bevor sie mit den Fragen beginnen (alternativ: nachdem sie die ersten Fragen nach den Fakten gestellt haben). Jeder Berater notiert für sich mindestens fünf systemische Fragen. Anschließend werden diese Fragen in der Runde an den Fallgeber gerichtet.

Der Einschub einer »Systemische-Fragen-Sammelphase« geht auf unsere Erfahrungen in der kollegialen Beratung zurück. Die bloße Aufforderung an das Beratungsteam, in der Fragerunde reichhaltigen Gebrauch von systemischen Fragearten zu machen, ging immer wieder ins Leere. Zu starr scheinen die gewohnten Kommunikationsmuster, in denen systemische Sichtweisen und Werkzeuge in der Regel kaum eine Rolle spielen.

Rollenverteilung in der Fragerunde

Wer macht was?

- Der Moderator bittet die Berater, jeweils nur für sich drei bis fünf Fragen zu notieren.
- Die Berater stellen daraufhin Verständnis- und Informationsfragen, anschließend systemische Fragen. Sie enthalten sich jeglicher Wertungen und Interpretationen.
- Der Fallgeber beantwortet die Fragen.
- Der Reflecting Partner prüft, ob von systemischen Fragen hinreichend Gebrauch gemacht wurde. Er notiert gegebenenfalls, welche weiteren sinnvollen Fragen nicht gestellt wurden. Zu folgenden Themen kann er ein Feedback geben:

Fragetechnik

Feedback des Reflecting Partner

- Wie ist das Verhältnis zwischen offenen und geschlossenen Fragen?
- Welche Fragefehler sind eklatant?
- Wie lange sind die gestellten Fragen?
- Wie oft werden suggestive Fragen gestellt?
- Wie ist es um den Einsatz systemischer Fragen bestellt?
  - reflektierende Fragen?
  - zirkuläre Fragen?
  - hypothetische Fragen?
  - skalierende Fragen?

Frage-Gegenstand/Themen

- Welche Themen wurden bislang zu wenig behandelt?
- An welchen Themen beißt sich die Gruppe fest?
- Welche Systemparameter verdienen weitere Beachtung?

Fragerunde/individuelles Verhalten

- Gibt es »Vielfrager«?
- Wer bringt sich gar nicht ein?
- Wer verbeißt sich wo?

In dieser Phase der kollegialen Beratung kommt die konsequente Arbeit mit systemischen Fragen am stärksten zum Tragen.

Einbindung systemischer Fragen

3.5 Phase 5: Analyse des Anliegens/Hypothesenbildung

Nun folgt eine wesentliche und für den Erfolg der kollegialen Beratung entscheidende Phase: Die Gruppe der Berater analysiert den Fall und stellt Hypothesen (= Vermutungen) auf. Wichtig ist, dass der Fallgeber den Kreis verlässt und die Analyse seines Anliegens quasi als Außenstehender mitverfolgt. Waren es in der dritten Phase (»Schilderung des Anliegens«) die Berater, die nicht unterbrechen durften, so ist es nun am Fallgeber, sich auf konzentriertes Zuhören zu beschränken und die Analyse der Berater weder zu unterbrechen noch zu kommentieren.

Warum ist die Phase »Analyse des Anliegens/Hypothesenbildung« so wichtig? Im systemischen Ansatz wird von objektiven Wahrheiten Abschied genommen. Um unterschiedliche Zugänge zu subjektiven Deutungen zu ermöglichen, sollte deshalb zuerst eine möglichst große Vielfalt von Hypothesen aufgestellt werden.

Funktionen von Hypothesen

Eine Hypothese ist eine vorläufige Annahme über das, was ist oder (zukünftig) sein kann. Anders als in der Wissenschaft geht es in systemischen Ansätzen nicht darum, eine Hypothese auf ihre definitive Richtigkeit hin zu überprüfen, sprich die Hypothese zu beweisen. Im systemischen Modell werden Hypothesen in offenen Diskursen auf ihren Gehalt, ihre Plausibilität und vor allem auf ihre Wirkung hin überprüft. Diese Diskurse drehen sich um Fragen wie: »Was spricht für, was spricht gegen eine bestimmte Hypothese?«, »Was lösen die Hypothesen in mir und bei anderen aus?«, »Welche alternativen Hypothesen sind möglich?«.

Es geht also in der kollegialen Beratung nicht darum, die eine richtige Hypothese zu finden, sondern durch eine Vielfalt von Hypothesen zu einer Vielfalt von Perspektiven und Möglichkeiten zu gelangen, die anschließend auf ihre Nützlichkeit überprüft werden können.

Die Stärken von Hypothesen

Hypothesen haben folgende Funktionen und Vorteile (vgl. Boos/Mitterer 2014):

- Sie geben Orientierung in komplexen Situationen, tragen der Komplexität besser Rechnung.
- Sie unterstützen zirkuläres Denken und laden zum Perspektivwechsel ein.
- Sie helfen Muster aufzuspüren und Handlungsmöglichkeiten zu erweitern.
- Sie relativieren Deutungsmuster und erleichtern Distanz.
- Sie verhindern einseitige Ursachenanalysen.
- Sie fördern kreative Zugänge zu Problemsituationen.
- Sie fördern Selbstreflexion (»Warum komme ich auf diese Hypothese, was hat das mit mir zu tun?«).

In dieser Phase analysieren die Berater den Fall, der Fallgeber hört lediglich zu. Die Berater äußern Vermutungen und Eindrücke, gegebenenfalls auch Gefühle und Assoziationen, die der Fall bei ihnen ausgelöst hat. Wichtig: In dieser Phase dürfen die Berater noch keine Lösungsvorschläge entwickeln und auch Hypothesen nicht mit Lösungsvorschlägen erweitern. Das ist leichter gesagt als getan, denn im Alltagshandeln und auch im Berufsleben neigen wir dazu, auf Probleme sogleich mit Lösungsoptionen zu reagieren.

Gefordert ist in dieser Phase ein Prozess, der mitunter als »wildes, freies Assoziieren« bezeichnet wird. Äußerst wichtig: Es gibt keine »richtigen« oder »falschen« Vermutungen. Zwar darf und sollte es durchaus auch zu Diskussionen zwischen den Beratern kommen, aber es ist wichtig, dass diese sich nicht gegenseitig zu widerlegen oder zu korrigieren trachten. Denn je größer die Anzahl und je vielfältiger die Hypothesen, umso besser für den weiteren Prozess!

Beispiel

Ein Fallgeber bringt in einer kollegialen Beratung die Frage ein, wie er mit einem Teammitglied umgehen soll, das nicht mehr leistungsbereit ist. Die Berater stellen nun folgende Hypothesen auf:

→ »Der Fallgeber hat bislang nicht im Team kommuniziert, was ihm als Führungskraft wichtig ist.«
→ »Das Teammitglied ist enttäuscht, weil es selbst Teamleiter werden wollte.«
→ »Das Teammitglied akzeptiert den Fallgeber nicht als Führungskraft.«
→ »Das Teammitglied fühlt sich unterfordert, sieht keine Perspektiven mehr.«
→ »Nicht nur der Fallgeber, sondern das gesamte Team ist durch das Verhalten des Teammitglieds verunsichert.«
→ »Der Vorgesetzte des Fallgebers würde ihn unterstützen, wenn er von dessen Problem wüsste.«
→ usw.

Hypothesen fördern Reflexion

Welchem Zweck dient die Hypothesenbildung?

- Sie strukturiert einen Fall und verleiht ihm eine stringente innere Dramaturgie.
- Sie zwingt den Fallgeber, sich auf bestimmte Themen zu fokussieren.
- Sie verhindert thematische Wechsel und zu große Sprünge innerhalb einer Sequenz.
- Sie hat eine Ordnungs-, Anregungs- und »Pertubationsfunktion«.

Oft sind erfolgreiche Hypothesen nicht linear-kausal, sondern zirkulär; das heißt, sie beziehen rekursive Wechselwirkungen mit ein. Um zu guten Hypothesen zu gelangen, lohnt es sich, seine Beobachtungen genau zu fokussieren und zu strukturieren. Hypothesen können nämlich auf verschiedenen Aspekten der Fallschilderung basieren. Um Ansatzpunkte für verfeinerte Hypothesen zu erhalten, bietet sich die folgende Differenzierung an:

Beispiel

Katalog für Beobachter

- → Ebene der Phänomene und Fakten: Was genau beschreibt er?
- → Ebene des Dialogs: Wie beschreibt er es? Wie wirken Stimme, Körpersprache und Gestik?
- → Ebene der Semantik: Welche Bilder und Sprachmuster benutzt er?
- → Ebene der Hermeneutik: Welche erste Deutung bietet er an?
- → Ebene der Systemik: Was sagt er über den Bezugsrahmen aus?
- → Ebene der Resonanz: Was scheint er an Resonanz zu erwarten? Welche spontanen Impulse löst er in mir aus?
- → Ebene der Motivation: Welche Bedürfnisse werden sichtbar?
- → Ebene der Metasymbolik: Was bedeutet es übergreifend, dass er darüber spricht?
- → Ebene der Übertragung: Was hat es mit mir zu tun?
- → Ebene des Rahmens: Wie beeinflusst die Gesamtsituation bzw. der Rahmen meine Beobachtung?

Abschied vom linearen Denken fördern

Gute Hypothesen sollten sich vom linearen Denken lösen und die »Zirkularität der Aktionen« bedenken. Darunter versteht man den Sachverhalt, dass Aktionen und Reaktionen in einer rekursiven Wechselwirkung stehen: Das eine entsteht aus dem anderen, wirkt aber auch auf dieses zurück.

Die Arbeit mit Hypothesen ist eine wichtige Facette systemischen Denkens. Zu den Grundlagen der systemischen Beratung gehört es, den einzelnen Menschen innerhalb seiner Systeme zu betrachten und ihn insoweit in seinem Verhalten als »Symptomträger« zu sehen. Nicht der Einzelne ist oder hat damit ein Problem, sondern das Problem ergibt sich erst im Zusammenspiel der verschiedenen Systembeteiligten. Dies sollte man bereits bei der Formulierung von Hypothesen berücksichtigen. Statt der Formulierung »Die Ursache liegt darin, dass ...« kann man eine Hypothese beispielsweise wie folgt einleiten:

- Das steht im Zusammenhang mit ...
- Das korreliert mit ...
- Das hängt zusammen mit ...
- Das ist verursacht durch ...
- Das geht einher mit ...
- Das resultiert aus ...
- Das interagiert mit ...
- Das ist vor dem Hintergrund ... zu sehen ...
- Das kann man nicht losgelöst sehen von ...

Es gibt Hypothesen über

Bezugspunkte für Hypothesen

- Zusammenhänge,
- Folgen,
- Ursachen,
- Wechselwirkungen,
- Parallelitäten,
- Abfolgen,
- Zufälligkeiten,
- Emergenzen,
- Unterschiede,
- Gemeinsamkeiten und
- Ähnlichkeiten.

Keine Denkverbote!

Was ist noch wichtig bei Hypothesen? Alles, was Möglichkeiten beschränkt, ist verboten:

- keine Tabus
- keine Denkverbote
- keine Dogmen
- keine Richtig-Falsch-Bewertungen
- das »Gewusste« infrage stellen
- das Unrealistische als Möglichkeit prüfen

Eine Hypothese ist umso nützlicher,

- je mehr Mitglieder eines Systems sie umfasst,
- je mehr sie die Handlungen einzelner Personen (in wertschätzender Art) verbindet,
- je weniger sie den Beteiligten gute oder böse Absichten unterstellt und
- je stärker sie neben dem »Leiden« auch den »Gewinn« herausstellt.

Rollenverteilung bei der Hypothesenbildung

Hypothesen: Wer macht was in der kollegialen Beratung?

- Die Berater stellen Vermutungen und Hypothesen auf.
- Der Moderator fixiert diese schriftlich und für alle sichtbar an einem Flipchart.
- Der Fallgeber hört zu und gibt keine Kommentare ab.
- Der Reflecting Partner äußert keine Hypothesen, sondern beobachtet weiterhin den Prozess.

3.6 Phase 6: Der Fallgeber nimmt Stellung zur Analyse und Hypothesenbildung

Die entwickelten Hypothesen einzuordnen und zu bewerten, obliegt in der nun folgenden Phase alleine dem Fallgeber. Er kehrt in die Runde zurück und nimmt zu jeder schriftlich fixierten Vermutung kurz Stellung. Er schildert, ob einzelne Hypothesen jeweils in ihrer Tendenz oder auch in vollem Umfang zutreffen oder nicht. Er kann hierbei differenzierte Aussagen machen wie »Das trifft voll und ganz zu«, »Es trifft nicht zu«, »Es trifft in der Tendenz zu, aber ...«, »Diese Hypothese trifft für mich den Kern«, »Daran habe ich noch nicht gedacht, da kann etwas dran sein«, »Diese Hypothese teile ich nicht, weil ...« usw. Der Fallgeber kann korrigieren und ergänzen oder auch beschreiben, was eine Hypothese in ihm ausgelöst hat.

Das Feedback des Fallgebers gibt Orientierung

Dank dieser Bewertung des Fallgebers erhält das Beraterteam eine Orientierung für die nun folgende Phase der Erarbeitung von Lösungsoptionen. Denn für die Entwicklung neuer Handlungsoptionen macht es durchaus einen Unterschied, ob der Fallgeber seinen Chef als hilfsbereit bestätigt oder aber die Hypothesen dahin gehend korrigiert, dass er ihn als vollkommen desinteressiert an den Problemen innerhalb des Sachgebiets beschreibt.

Rollenverteilung bei der Stellungnahme des Fallgebers

- Der Fallgeber kehrt in die Runde zurück, nimmt Stellung zu jeder Hypothese, ergänzt oder korrigiert sie gegebenenfalls.
- Der Moderator fordert den Fallgeber auf, die von ihm angenommenen oder abgelehnten Hypothesen kenntlich zu machen (z.B. grüner Haken bei Annahme, rot durchstreichen bei Ablehnung).
- Die Berater hören nur zu.
- Der Reflecting Partner nimmt auch hier nicht Stellung, sondern beobachtet weiterhin den Prozess.

Einbindung systemischer Fragen

Der Moderator bittet den Fallgeber, ein bis drei Hypothesen zu benennen, die bei ihm die größten »Aha-Effekte« ausgelöst haben (= Skalierungsfrage).

3.7 Phase 7: Lösungsoptionen sammeln

Die Berater entwickeln Lösungsoptionen. Es besteht kein Zwang für das Beraterteam, sich auf bestimmte Lösungen zu einigen. Stattdessen äußert jeder Berater, was er anstelle des Fallgebers konkret tun würde. Wichtig: Es zählt die Vielfalt der Optionen. Die Lösungsvorschläge ergeben sich aus der gemeinsamen Diskussion der Berater. Machen einzelne Berater zwei einander widersprechende Vorschläge, werden beide Vorschläge aufgeschrieben.

Rollenverteilung beim Sammeln der Lösungsoptionen

Wer macht was?

- Der Fallgeber verlässt die Runde und hört dem Beraterteam dabei zu, wie es Lösungsoptionen entwickelt.
- Der Moderator visualisiert die Vorschläge auf einem Flipchart und achtet darauf, dass keine Diskussion zwischen Fallgeber und Beratern aufkommt.
- Der Reflecting Partner greift auch hier nicht in den Prozess ein, sondern beobachtet ihn nur.

3.8 Phase 8: Der Fallgeber nimmt Stellung zu den Lösungsoptionen

In dieser Phase nimmt der Fallgeber zu jedem einzelnen Lösungsvorschlag Stellung. Er bewertet die Vorschläge und kündigt bzw. deutet an, was er gegebenenfalls umsetzen möchte und was nicht.

Rollenverteilung bei der Stellungnahme zu den Lösungsoptionen

- Der Fallgeber kehrt in die Runde zurück und teilt mit, welche der genannten Vorschläge er umsetzen möchte, warum er sich von diesen Lösungen angesprochen fühlt und wie er sein Thema weiterzubearbeiten gedenkt.
- Die Berater hören zu und enthalten sich abermals jeglicher Kommentierungen und Bewertungen.

3.9 Phase 9: Prozessreflexion

In der letzten Phase der kollegialen Beratung tauschen sich der Fallgeber und die Berater darüber aus, wie sie den gesamten Prozess erlebt haben und bewerten, sowohl inhaltlich (Was nehmen alle Beteiligten mit?) als auch methodisch (Prozessreflexion). Persönliche Gedanken und Gefühle haben hier ebenso Platz wie Analogien und Bezüge, die einzelne Gruppenmitglieder für ihre eigenen Themen erkannt haben und nun eventuell übertragen.

Austausch: Was haben die Beteiligten aus der Kollegialen Beratung mitgenommen?

Ein Berater hat seinen Lerneffekt wie folgt beschrieben: »Die intensive Beschäftigung mit der Problemstellung des Kollegen (Fallgeber) veranlasst mich dazu, meine Rolle als Führungskraft gegenüber meinen Mitarbeitern an diesem Punkt auch selbst noch einmal kritisch zu reflektieren. Eigentlich gebe auch ich einigen Mitarbeitern zu wenig offenes und kritisches Feedback.«

Gruppendynamik

Gruppendynamik wird oft unterschätzt

In der Phase »Prozessreflexion« kann auch die Gruppendynamik thematisiert werden. Bei der Durchsicht der aktuellen Literatur zum Thema »Kollegiale Beratung« fällt allerdings auf, dass ihr bislang wenig Aufmerksamkeit gewidmet wird. Dies ist umso überraschender, als gerade bei der kollegialen Beratung die Qualität der Lösung auch von der Dynamik in der Gruppe abhängt. Die Gruppendynamik hat demnach einen bedeutsamen Einfluss auf den Ablauf und das Ergebnis einer kollegialen Beratung. Gleichwohl wollen und können wir ihr in diesem Buch nicht zu viel Raum widmen, sondern es bei einigen grundsätzlichen Gedanken belassen.

Zuerst zum Begriff der Gruppendynamik: Darunter verstehen wir die gesamte Entwicklung der Gruppe, die klassischen Phasen, die Verteilung der Rollen, die Bestimmung der Ziele und Aufgaben, die Bildung der Normen und Regeln, die Gestaltung der Kultur, die Machtverteilung, die Aufnahme neuer Mitglieder, der Umgang mit Dritten und anderen Gruppen. Jedes Handeln (aktiv und unterlassend) in der Gruppe gehört zum Prozess und ist immer dynamisch. Im Zuge einer solchen Definition kann es nicht *keine* Gruppendynamik geben. Jede Gruppe weist gruppendynamische Aspekte auf.

Verschiedene »Gruppen« in der Kollegialen Beratung

Noch spannender wird es, wenn man die gruppendynamische Sicht mit der Systemsicht verbindet. Die einzelnen Akteure sind ja verschiedenen Gruppen und auch verschiedenen Systemen zugewiesen, deren Struktur,

Dynamik und Interaktion Einfluss auf das Geschehen entfalten können. Zu den Akteuren gehören:

- die Personen, die in der kollegialen Beratung an der Fragerunde teilnehmen; sie bilden eine eigene Gruppe.
- der Moderator und der Reflecting Partner; beide zusammen bilden auch eine Gruppe (System).

Daneben gibt es noch zwei weitere Gruppen bzw. Subsysteme, die Einfluss auf die kollegiale Beratung haben, auch wenn sie dabei nicht physisch anwesend sind:

- die »Heimat-Abteilungen« der Teilnehmer, das heißt die Gruppen, in denen sie normalerweise in der Organisation arbeiten;
- die Gesamtorganisation oder Institution, in der die kollegiale Beratung stattfindet.

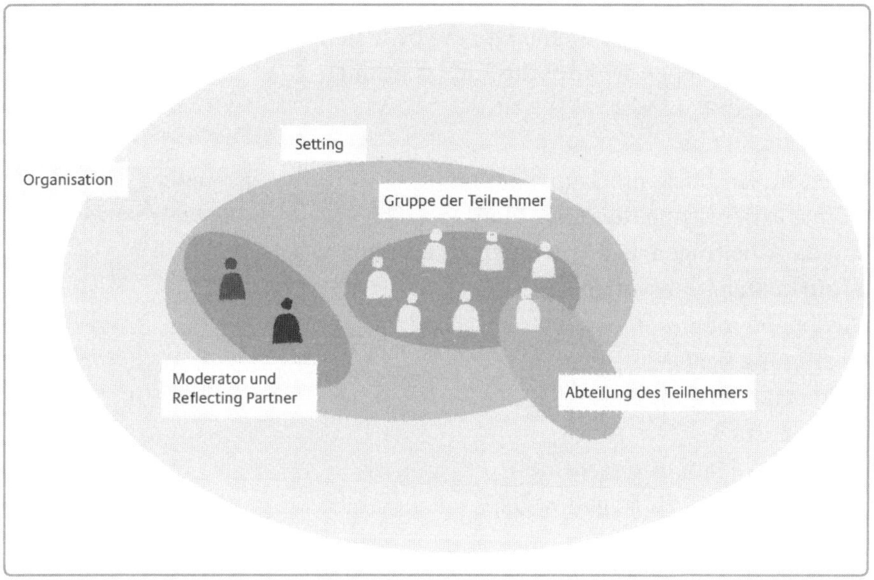

Abb. 8: Kollegiale Beratung aus Gruppen- und Systemsicht

Nachfolgend einige Gedanken und Fragen, gegliedert nach den einzelnen Subsystemen bzw. Subgruppen, die den Einfluss der Gruppendynamik fokussieren.

Die Gruppe der Teilnehmer an der Fragerunde

Wer welchen Fall in der Gruppe zu welchem Zeitpunkt vorstellt, hat viel mit der Rolle und Position innerhalb der Gruppe zu tun. Prägen unterschwellige Rivalitäts- oder Konkurrenzgefühle die Gruppe oder dominiert ein (unbewusstes) Bild der Führungskraft als unverwundbarer Held, so wird sich schwer ein Freiwilliger finden, der sich aus der Deckung wagt. Umgekehrt wird sich bei einem offenen Verhältnis der Gruppenmitglieder und einem realitätsnahen Bild von Führung, das auch Schwächen und Fehler erlaubt, früh eine Person mit ihrem Fall der Gruppe vorstellen.

Welches Bild von Führung haben die Gruppenmitglieder?

Auch Rivalitäten sowie Zu- und Abneigung unter den Teilnehmern prägen das Geschehen, auch wenn dies den Gruppenmitgliedern nicht immer bewusst ist. Wenn manche Fragen zu anklagend oder vorwurfsvoll formuliert sind, kann dies auch mit der Einstellung des Fragenden gegenüber dem Fallgeber zu tun haben. Hier ist es die Aufgabe des Moderators, dies zu erkennen und bei Bedarf korrigierend einzugreifen, wobei die Intervention sich immer auf die Fall-Frage-Ebene, sprich auf sachliche Aspekte beziehen sollte, da – so unsere Erfahrung – für gruppendynamische Interventionen im Setting der Kollegialen Beratung kein Raum ist.

Systemische Fragen zur Gruppendynamik

Beispiele für (systemische) Fragen im Hinblick auf Gruppendynamik:

- Wie vertrauensvoll ist das Klima in der Gruppe auf einer Skala von 0 bis 10?
- Welche Intervention könnte dazu beitragen, das Vertrauen zu erhöhen?
- Wie reif ist die Gruppe für einen anspruchsvollen Fall?
- Was bedeutet es für die Gruppendynamik, wenn sich kein Freiwilliger für einen ersten Fall zur Verfügung stellt?
- Wer dominiert mit seinen Fragen die Gruppe?
- Wer hält sich mit Fragen stark zurück?
- Welche Frage-Rollen lassen sich im Team unterscheiden?
- Welche Dynamik spiegelt sich in der Art zu fragen wider?
- Welche Themen werden tabuisiert?

Moderator und Reflecting Partner

Moderator darf intervenieren

Sofern der Moderator das Seminar zusammen mit einem Co-Moderator oder Reflecting Partner durchführt, hat auch deren Dynamik und Interaktion einen starken Einfluss auf das Geschehen in der Gruppe. Denn auch sie repräsentieren ein kleines Team, sozusagen ein Subsystem. Fragen des Moderators sind in der Fragerunde durchaus erlaubt. Insbesondere bei Gruppen, die noch nicht im systemischen Fragen geübt sind, kann der Moderator mit explizit systemischen Fragen die Fragerunde der Berater in Gang bringen.

Solche Interventionen stellen jedoch stets eine Gratwanderung dar. Einzelne Gruppenmitglieder (Berater) können sich durch professionelle Moderatoren entmutigt fühlen, eigene Fragen zu stellen. Der Moderator sollte also durch gezielte systemische Fragen die Fragerunde durchaus bereichern, ohne jedoch eine dominierende Rolle einzunehmen.

Folgende systemische Fragen sind für den Moderator und den Reflecting Partner denkbar:

- Wie wirken wir auf die Gruppe?
- Wie arbeiten wir zusammen, und welche Wirkung hat dies auf die Gruppe?
- Worin unterscheiden wir uns, und welche Folgen hat dies auf unsere Arbeit mit der Gruppe?
- Was sind die Merkmale unserer Arbeit?
- Wie sieht die Gruppe uns?

Die Gesamtgruppe

Alle Teilnehmer und die beiden Moderatoren bilden zusammen ein System bzw. eine Gruppe, deren Interaktion und Befinden Einfluss auf die Arbeit hat.

Moderator hat entscheidende Rolle

Der Moderator oder – falls zwei Personen das Seminar durchführen – das Team der kollegialen Beratung hat entscheidenden Einfluss auf den Prozess und die Ergebnisse. Idealerweise zeichnet er sich durch eine hohe fachliche Kompetenz und Autorität aus und strahlt eine Haltung aus, die man am besten beschreiben kann mit dem Satz: »Alles darf, nichts muss«. Diese innere Haltung, die auch nach außen strahlt, hat viel mit erlebter Selbstwirksamkeit und Freude bzw. wahrem Interesse an der Methode zu tun.

Zentral ist eine hohe Sensibilität für Personen und Prozesse. Folgende selbstreflektierende systemische Fragen können dabei hilfreich sein:

Reflexion des Moderators

- Welche Ausstrahlung habe ich generell?
- Wie reagiert die Gruppe auf mich?
- Wie gut finde ich Kontakt zur Gruppe?
- Wie ist meine – für die Gruppe direkt erlebbare – Interaktion mit dem Reflecting Partner?

- Inwieweit greife ich zu sehr oder zu wenig in die Situation ein?
- Inwiefern ermutige ich die Gruppe sich zu öffnen bzw. strahle ich zu große Reserviertheit aus?

Die »Heimat«-Abteilungen der Teilnehmer

Das Verhalten der Teilnehmer in der Gruppe ist wesentlich geprägt von ihrem beruflichen Kontext, sprich ihrem Erleben und Verhalten in der Abteilung, in der sie arbeiten bzw. der sie vorstehen. Die (Führungs-)Erfahrungen, die sie dort machen, bzw. die Aufgaben und Probleme, mit denen sie sich dort konfrontiert sehen, beeinflussen ihr Verhalten in der Gruppe bzw. im Seminar als »Veranstaltungs-Setting«.

Erleben sie sich z. B. als hilflos, so wird sich dies möglicherweise auch in der Gruppe wiederfinden. Dies kann von erlebter Hilflosigkeit, damit einhergehender Resignation bis hin zu Emotionen wie Wut oder Aggression reichen.

Berater sind »vorgeprägt«

Parallel dazu kann auch das Image der Abteilung im Haus eine Rolle spielen. Kommt ein Berater etwa aus einer Abteilung, die durch Offenheit für Neues und einen kooperativen Arbeitsstil geprägt ist, so wird er vermutlich auch offener fragen bzw. gewagtere Hypothesen aufstellen als ein Kollege, der aus einer Abteilung stammt, die eher hierarchisch geprägt ist und in der Mut eher nicht honoriert wird.

Folgende systemische Fragen bieten sich hier an:

- Von welcher Kultur sind die Bereiche geprägt, aus der die Berater kommen?
- Welche Geschichten und Mythen prägen das Ansehen der Abteilung im Haus?
- Inwieweit spiegelt der vorgetragene Fall ein Grunddilemma der Abteilung wider?
- Bestehen Rivalitäten zwischen den Abteilungen, deren Vertreter an der kollegialen Beratung teilnehmen?
- Wie wird Führung in dieser Abteilung definiert?

Die Gesamt-Organisation

Im Hinblick auf die Bedeutung der Organisation macht es Sinn, weniger von gruppendynamischen Aspekten zu sprechen und stattdessen Gesichtspunkte der Organisationskultur zu fokussieren. Diesbezügliche (systemische) Fragen können sein:

- Welchen Stellenwert hat kollegiale Beratung in der Organisation?
- Wie anerkannt ist sie als Methode?
- Wie sehr sind solche Seminare in ein Personalentwicklungskonzept integriert?
- Mit welcher Energie werden entsprechende Programme forciert?
- Welche Vorbilder gibt es in der Organisation?
- Bis zu welchen Ebenen wird die kollegiale Beratung durchgeführt (auch oberste Führungsebenen)?

Die Organisationskultur beeinflusst den Erfolg

Generell kann man sagen: Je anerkannter und positiver besetzt die Methode in der Organisation ist, desto offener und motivierter werden auch die Teilnehmer sein. Haben sie hingegen das Gefühl, sich einer Methode zuzuwenden, die im Haus entweder unbekannt ist oder eher belächelt wird, wird dies vermutlich ebenso Auswirkungen auf ihr Verhalten haben. Die Moderatoren sollten dies gleich am Anfang auf ihrer Agenda haben und bei Bedarf offen ansprechen – sei es, um die große Akzeptanz im Haus hervorzuheben oder um den Pioniergeist der Anwesenden besonders zu loben.

Rollenverteilung bei der Prozessreflexion

Wer macht was?

- Der Fallgeber und die Berater teilen mit, was jeder mitnimmt.
- Der Reflecting Partner gibt ein Feedback zum Verhalten aller Beteiligten, insbesondere zur Einbindung systemischer Fragen in die kollegiale Beratung.
- Der Moderator fragt, wie die Beteiligten den Erfolg der kollegialen Beratung z. B. auf einer Skala von 1 bis 10 einschätzen. Der Moderator fragt den Fallgeber, wie er sich jetzt auf einer Skala von 1 bis 10 bei der Beantwortung der Schlüsselfrage einordnet.

4. Weiterführende Fragen

Eine häufige Frage von Teilnehmerinnen und Teilnehmern an der kollegialen Beratung lautet, wie man zu den vielen kreativen und systemischen Fragen kommt, die man in einer kollegialen Beratung stellen sollte. Wie der aufmerksame Leser unschwer erkennen wird, nehmen diese weiterführenden Fragen einen großen Raum im vorliegenden Buch ein. Dies entspricht unserer langjährigen Erfahrung mit dem »Neuland« systemischer Fragen in Unternehmen und Organisationen.

Man könnte nun leichtfertig sagen: »Intuitiv fallen jedem mit ein bisschen Übung spontan die richtigen Fragen ein.« Dem ist aber nicht so. Sicher spielt Intuition eine große Rolle. Intuition entsteht aber nicht im luftleeren Raum, sondern beruht in der Regel auf einer Fülle zuvor gesammelter Erfahrungen und Wissenselemente. Es ist wichtig, zunächst der Realität ins Auge zu sehen: Systemisch Fragen ist ungewohnt, es bricht mit tradierten Kommunikationsmustern.

Viele »Fragen« sind keine Fragen

Fast alle Menschen, Führungskräfte wie Mitarbeiter, sind es gewohnt, ihre eigenen Sichtweisen in ihre Fragen einzubauen. Auch in der kollegialen Beratung stellen wir immer wieder fest, dass die Fragesteller versuchen, den Befragten für ihre Sichtweisen zu gewinnen. Es mag ihnen nicht bewusst sein, doch sie versuchen, die Antwort des Befragten zu manipulieren (z. B. »Du siehst es doch auch so ...?«, »Wäre es nicht besser ...?«, »Müsste man hier nicht mal ...?«). Führt man diese Fragen auf ihren Kern zurück, müsste ehrlicherweise kein Frage-, sondern ein Ausrufezeichen gesetzt werden. Das heißt, es handelt sich hier gar nicht um Fragen.

Gutes Fragen braucht Übung

Unsere Erfahrung ist: Führungskräfte, die von heute auf morgen systemisch fragen wollen, tun sich in aller Regel sehr schwer. Es braucht Zeit, alte Kommunikationsmuster abzustreifen. Und noch mehr Zeit, bis eine gewisse Routine beim systemischen Fragen entwickelt ist. Gute Fragen ergeben sich aus der Mischung von subjektiver Kreativität und Einfühlungsvermögen mit erlernten oder erfahrenen Metakonzepten.

Wir möchten Ihnen an dieser Stelle vier solcher Konzepte ausführlich vorstellen. Selbstverständlich gibt es darüber hinaus eine Vielzahl wirksamer Tools und Techniken. Dies soll also nur eine erste Auswahl sein.

Die nachfolgende Auswahl der Modelle bzw. Tools lässt sich methodisch zwei Grundkonzepten zuordnen: aussagebasierten Konzepten und fokusorientierten Konzepten.

Aussagebasierte Konzepte

Die aussagebasierten Konzepte beziehen sich auf konkrete Aussagen des Fallgebers und versuchen, diese näher zu beleuchten und zu hinterfragen. Im Zentrum steht also das zuvor gesprochene Wort. Je nachdem, ob man sich nun auf die Ebenen der Aussage bezieht oder auf einzelne Worte, unterscheiden wir zwei Herangehensweisen:

- eine Aussage-Analyse auf Basis des Modells der vier Ebenen der Kommunikation nach Schulz von Thun,
- eine Analyse der einzelnen Worte eines Satzes vor dem Hintergrund der Metatheorie der Sprache, wie Sie im NLP Anwendung findet.

Fokusbasierte Konzepte

Bei den fokusbasierten Konzepten geht es darum, übergeordnete Ordnungsmodelle und Perspektiven aufzugreifen, um neue Ansatzpunkte für neue Fragen zu finden. Dabei spielen zwar auch zuvor getroffene Aussagen des Fallgebers eine Rolle, wesentlicher ist aber eine raumgreifende systemische und multiperspektivische Betrachtungsweise der Situation. Je nach Komplexität haben wir zwei spezielle Modelle entwickelt:

- den **Fragekompass**, der eine Auffächerung der Situation nach vier bzw. fünf Dimensionen erlaubt, und
- den **Frage-Radar**, der den Fragekompass wesentlich differenzierter nach mehr als 40 weiteren Ansätzen und Dimensionen auffächert.

In allen vier Ansätzen findet der Leser eine große Vielzahl von Fragebeispielen, die zusammen genommen einen Fragekatalog mit über 500 Fragen ergeben. Auch wenn der Katalog-Charakter der Auflistungen für uns ein wichtiges Hilfsmittel in der kollegialen Beratung darstellt, geht es uns doch auch um die Sensibilisierung des Lesers bzw. Anwenders für diese übergeordneten Methoden. Denn hat man diese einmal einigermaßen verstanden und verinnerlicht, ist es für den Anwender ein Leichtes, sich individuell und situationsadäquat neue Fragen zu erschließen, fernab der bislang katalogisierten Beispiele.

4.1 Das Nachrichtenquadrat in der Kommunikation nach Schulz von Thun

Der Kommunikationswissenschaftler Friedemann Schulz von Thun stellte fest, dass in einer Nachricht stets mehrere Botschaften gleichzeitig enthalten sind. Er unterscheidet vier psychologisch bedeutsame »Fäden« oder Seiten einer Nachricht (um beim Bild der »Fäden« zu bleiben, kann man sich eine Nachricht wie ein Nachrichtenkabel vorstellen, in dem vier verschiedene Stränge verlaufen).

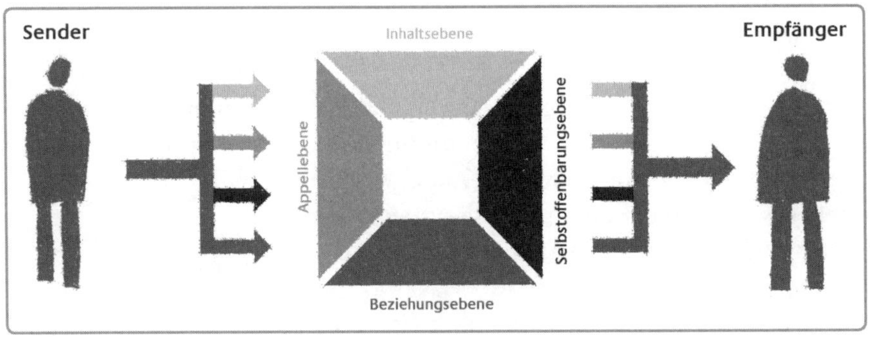

Abb. 9: Vier Seiten einer Botschaft (nach Schulz von Thun)

Da dieses Modell inzwischen weitverbreitet ist, möchten wir uns bei der Beschreibung des theoretischen Ansatzes auf einige wenige Details beschränken. Von Thun unterscheidet folgende Ebenen der Kommunikation:

Vier Seiten einer Botschaft

- *Sachebene (»Worüber ich dich informieren will«)*
  Jede Nachricht enthält eine Sachinformation. Dadurch sagt der Sender etwas über den Zustand, die Eigenheit einer bestimmten Sache aus.
- *Selbstoffenbarungsebene (»Was ich von mir kundgebe«)*
  In jeder Nachricht steckt ein Stück Selbstoffenbarung. Der Sender sagt auch etwas über sich selbst aus. Er gibt Hinweise darauf, was in ihm vorgeht, wie ihm ums Herz ist, wofür er steht und wie er seine Rolle auffasst.
- *Appell-Ebene (»Wozu ich dich veranlassen möchte«)*
  Mit jeder Nachricht versucht der Sender, auf das Verhalten des Empfängers Einfluss zu nehmen; er appelliert an ihn, gewisse Dinge zu tun oder zu unterlassen.

- *Beziehungsebene (»Wie wir aus meiner Warte zueinander stehen und was ich von dir halte«)*
  In jeder Nachricht ist eine Information darüber enthalten, wie der Sender seine Beziehung zum Empfänger sieht. Neben der sprachlichen Formulierung zeigt sich dies besonders im Tonfall, in der Betonung einzelner Worte und Silben, in der Mimik und Gestik sowie in der ganzen Körperhaltung.

Folgt man diesem Modell, kann man jede Aussage des Fallgebers unter vier Blickwinkeln analysieren und darauf aufbauend entwickeln.

Die spezielle Situation der kollegialen Beratung erfordert nun eine gewisse »Um-Fokussierung«. Thuns Konzept bezieht sich ursprünglich auf den direkten Dialog zwischen zwei Partnern in einer beruflichen oder privaten Alltagssituation. Bei einer kollegialen Beratung stellt sich die Situation folgendermaßen dar: Der Sender erzählt einem wohlgesinnten Kreis von Zuhörern, die ihm zugewandt sind, Teile einer komplexen Situation mit der Bitte um Unterstützung. Insofern bestimmt die Situation per se schon bestimmte Facetten der Botschaft:

Botschaft des Fallgebers

- Die übergeordnete Sachebene heißt: »Ich will es deutlich erklären.«
- Die übergeordnete Selbstoffenbarungsebene heißt: »Ich möchte mich offen zeigen.«
- Die übergeordnete Appell-Ebene heißt: »Versteht mich und helft mir.«
- Die übergeordnete Beziehungsebene bedeutet gegenüber dem Publikum: »Seid fair zu mir.«

Angewandt auf diese Facetten lassen sich die vier Ebenen wie folgt spezifizieren:

Sachebene:

Fakten

- Wie genau beschreibt der Fallgeber die konkrete Situation?
- Welche sachlichen Informationen liefert er, welche fehlen noch?
- Welche Informationen liegen anderen Personen im System vor?

Appell-Ebene:

- Was bezweckt der Fallgeber mit seinem Verhalten den verschiedenen Akteuren im System gegenüber?
- Was erwartet er von den verschiedenen Personen?

- Welche Erwartungen anderer Personen an ihn werden hier sichtbar? **Erwartungen**
- Was erwarten die verschiedenen Personen in den verschiedenen (Sub-)Systemen voneinander?

Selbstoffenbarungsebene:
- Was offenbart der Fallgeber durch sein Verhalten oder seine Äußerungen von sich anderen Personen in verschiedenen Systemen?
- Wie wirkt er wohl auf andere? **Wirkung**

Beziehungsebene:
- Was offenbart der Fallgeber durch sein Verhalten oder seine Äußerungen über seine Beziehung zu anderen Personen?
- Wie steht er zu den verschiedenen Personen?
- Wie ist die Beziehung der Personen untereinander?

Beispiel

Ein Fallgeber berichtet über ein Projekt-Meeting, in dem er von einem Kollegen aus einer anderen Abteilung, der ständig an den Meetings teilnimmt, mehrmals heftig kritisiert wurde, woraufhin er dessen Kompetenz in dieser Angelegenheit vor allen Teilnehmern anzweifelte. Mögliche Fragen an ihn wären:

→ Sachebene: Was genau hat der Berater gesagt?
→ Appell-Ebene: Was wollten Sie mit dem Hinweis an ihn erreichen?
→ Selbstoffenbarungsebene: Was offenbart der Fallgeber durch sein Verhalten oder seine Äußerungen über seine Beziehung?
→ Beziehungsebene: Wie ist Ihre Beziehung zu diesem Kollegen im beruflichen Alltag?

Wenn man diese Ebenen noch detaillierter analysieren will, bietet sich folgendes Raster an:

Sachebene	**Ziel/Hintergrund**	**Beispielfrage**
	Spezifizierung/Zeit	»Wann genau ...?«
	Spezifizierung/Ort	»Wo genau ...?«
	Kriterium der Wahrheit	»Woraus schließen Sie, dass es als Kritik gemeint war?«
	Kriterium der Relevanz	»Wie stark beeinträchtigt Sie dies bei der Arbeit?«
	Kriterium der Hinlänglichkeit	»Haben Sie diesen Ärger mit dem Kollegen ständig oder nur zu bestimmten Anlässen?«
Selbstoffenbarungsebene	**Ziel/Hintergrund**	**Beispielfrage**
	Ursachenzuschreibung	»Könnte dies mit dem aktuellen Stress im Projekt zusammenhängen?«
	Bedeutungszumessung	»Welche Bedeutung messen Sie dem bei?«
	persönliche Betroffenheit	»Wie sehr fühlen Sie sich dadurch beeinträchtigt«?
	persönliches Gefühl	»Wie stark belastet Sie das?«
Appell-Ebene	**Ziel/Hintergrund**	**Beispielfrage**
	Handlungsimpuls an Dritte	»Waren Sie deswegen schon beim Projektleiter?«
	Handlungsimpuls an Empfänger allgemeine Aufforderung	»Was wünschen Sie sich vom Kollegen in einer solchen Situation?«
	Handlungsimpuls an Empfänger spezielle Hypothese	»Was erwarten Sie sich vom Kollegen generell mehr?«
	Handlungsimpuls an Empfänger	»Was wäre ein erster Schritt von ihm zu Ihrer Beruhigung?«
	allgemeine Aufforderung	»Was sollte nun geschehen?«

Beziehungsebene	Ziel / Hintergrund	Beispielfrage
	Gefühl/Ärger	»Welches Gefühl hatten Sie in diesem Moment?«
	Gefühl/Sorge	»Welche Gefühle haben Sie, wenn Sie daran denken?«
	Beziehung/Qualität	»Wie würden Sie Ihre Beziehung zu dem Kollegen generell beschreiben?«
	Beziehung/Belastung	»Als wie belastet nehmen Sie Ihre Beziehung nach dieser Situation wahr?«

Tabelle 2: Vier Seiten einer Botschaft

Welche Facette Sie ansprechen, hängt immer von dem konkreten Fall und Kontext ab. In der Regel empfiehlt es sich, kaskadenförmig vorzugehen, also erst die Sachebene anzusprechen, dann den Appell, dann die Selbstoffenbarung und schließlich die Beziehung. Wobei es wichtig ist, dass Ihre Kollegen dieses Konzept ebenfalls kennen und Sie gegebenenfalls mit dazu passenden Fragen unterstützen können.

4.2 Wortorientiertes Fragen

Worte verraten viel über den Sprechenden

Der nächste Ansatz für systemische Fragen hängt eng mit dem Konzept des Konstruktivismus zusammen. Die Worte, die wir verwenden, sagen sehr viel über unsere Weltsicht, unsere innere Realität und unsere Persönlichkeit aus. Sie repräsentieren sowohl unsere aktuelle emotionale und kognitive Verfassung als auch unsere generelle Sicht auf die Dinge. Systemisch Fragen bedeutet in diesem Zusammenhang, das Wort-Bedeutungs-Geflecht einer Person verstehen zu wollen, um damit verbundene (Vor-)Urteile und Pauschalisierungen zu thematisieren.

Wir möchten Ihnen an dieser Stelle eine für den täglichen Gebrauch ausgelegte Systematik vorstellen: wortorientiertes Fragen. Das bedeutet, jedes Wort in einem Satz aufgrund seiner Funktion und Zuordnung zu hinterfragen. Beim wortbasierten Fragen nimmt man Bezug auf die Aussage des Gesprächspartners und greift die in einem Satz enthaltenen Worte gezielt auf.

Mögliche Hintergrundfragen lauten:

- Warum verwendet der Sprecher gerade dieses Wort?
- Was verbindet er damit?
- Was möchte er damit zum Ausdruck bringen?
- Was vernebelt er dadurch?
- Was verallgemeinert er?
- Was verkürzt er?

Generell sind alle Worte gleichermaßen bedeutsam. Am ergiebigsten und einfachsten ist es jedoch, entsprechend einer bestimmten Grundrichtung zu fragen: *Wer* genau (Subjekt) *macht was* genau (Prädikat) *wie* mit wem* genau (Objekt)? (*Beim »wie« spielen auch Präposition, Pronomen, Numerale und Adverbien eine Rolle.)

Ausgangspunkt für eine Anwendung soll die Äußerung des Fallgebers sein, der sich über einen Kollegen aus einer anderen Abteilung beschwert, weil dieser ihn und andere ständig mit kritischen Bemerkungen »nerve« (vgl. Beispiel auf S. 21):

Dieser ↓ **Artikel**	**pedantische** ↓ **Adjektiv**	**Kollege** ↓ **Substantiv SUBJEKT**	**frustriert** ↓ **Verb PRÄDIKAT**	**alle** ↓ **Numerale**	**Meeting-Teilnehmer** ↓ **Substantiv OBJEKT**
▪ Was unterscheidet ihn von anderen Meeting-Teilnehmern?	▪ Was genau verstehen Sie unter pedantisch?	▪ Was genau macht er im Meeting?	▪ Was verstehen Sie unter frustrieren?	▪ Was meinen Sie mit »alle«?	▪ Welches Merkmal haben diese Teilnehmer gemeinsam?
▪ Mit welchem anderen Teilnehmer vergleichen Sie ihn?	▪ Was genau macht er, wenn er pedantisch ist?	▪ Was kennzeichnet ihn (sonst) als Teilnehmer?	▪ Wie genau frustriert er?	▪ Gibt es da Ausnahmen?	▪ Was kennzeichnet diese Teilnehmer?
▪ Gibt es auch Teilnehmer, die anders sind?	▪ Woran erkennen Sie, wenn er pedantisch ist?	▪ Wie lange ist er schon Teilnehmer?	▪ Woran erkennen Sie das?	▪ Wen frustriert er damit nicht?	▪ Welche Art von Teilnehmer ist besonders demotiviert?
▪ Wie viele Teilnehmer kennen Sie?	▪ Wie äußert sich dieses Pedantisch-sein?	▪ Welche Funktion hat er?	▪ Wie helfen Sie ihm, Sie zu frustrieren?	▪ Weshalb schafft es keiner, sich dem zu entziehen?	▪ Welche Art von Teilnehmer würde sich nicht demotiviert fühlen?

Tabelle 3: Wortbasiertes Fragen

Profi-Tipp: Fokussieren Sie anfangs folgende drei Aspekte:

- Hinterfragen Sie zuerst alle Verallgemeinerungen (»alle«),
- fokussieren Sie dann Zuschreibungen und Eigenschaften (»pedantisch«)
- und lösen Sie dann Verben (»frustrieren«) in das konkrete Tun auf.

Verallgemeinerungen hinterfragen

4.3 Der Fragekompass

Der Fragekompass ist ein effektives Werkzeug, mit dessen Hilfe man schnell und einfach zu weiterführenden Fragen im Beratungsprozess gelangen kann.

Anwendungsbereiche
Alle Situationen in der kollegialen Beratung, in denen es darauf ankommt, äußere Sachverhalte und persönliche Wahrnehmungen und Emotionen anhand der richtigen Fragen näher zu analysieren und zu verstehen.

Zielsetzung/Effekte
Der Fragekompass erleichtert die Suche nach geeigneten Fragen im Prozess. Durch die immanente Systematik unterstützt er eine strukturierte Vorgehensweise bei der Analyse der Situation des Klienten.

Fragen werden strukturiert

Ausführliche Beschreibung
Das Fragekompass-Modell verbindet zwei wesentliche Grunddimensionen jeder sozialen Situation:

- die zeitliche Entwicklungs- bzw. Verlaufsdimension und die
- inhaltliche Analyse- bzw. Bewertungsdimension.

Kombiniert man diese beiden Dimensionen, so gewinnt man ein Achsenkreuz, dessen Achsen die Richtungen für potenzielle Fragen repräsentieren. Dabei bildet die zeitliche Dimension – orientiert an der Metapher des Zeitstrahls – die horizontale Achse und die inhaltliche Dimension die senkrecht dazu stehende vertikale Achse. Da dieses Achsenkreuz die Richtung für mögliche Fragen vorgibt, lässt sich das Modell auch gut mit der Metapher des Kompasses abbilden.

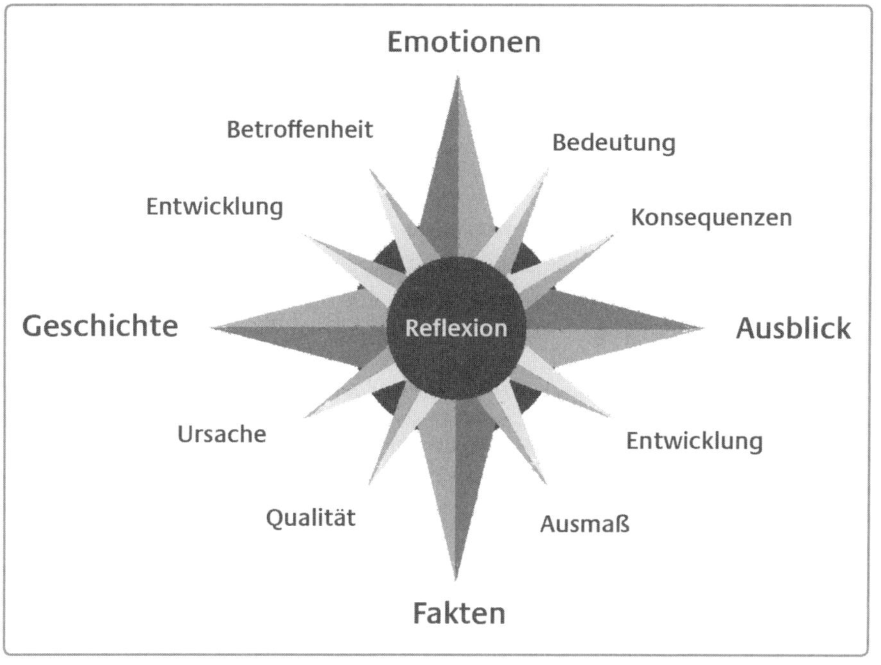

Abb. 10: Fragekompass

Die zeitliche Entwicklungs- bzw. Verlaufsdimension

Bei der ersten Dimension geht es um den zeitlichen Verlauf des Geschehens. Die beiden polaren Enden der Dimension bilden Vergangenheit und Zukunft, man kann auch von der Geschichte und dem Ausblick eines Sachverhaltes sprechen. Im weiteren Verlauf soll dabei das Anliegen des Fallgebers im Fokus stehen.

Geschichte
Im Sinne einer genauen Fragesystematik erweist es sich als sinnvoll, hier zwei Aspekte zu unterscheiden:

- Wie zeigt sich das Anliegen in seiner zeitlichen Entwicklung und Abfolge? (»Wie kam es dazu?«)
- Worin liegen aus Sicht des Fallgebers mögliche Ursachen und Wechselwirkungen? (»Weshalb kam es dazu?«)

Bevor wir Ihnen nun eine erste Sammlung möglicher Fragen vorstellen, noch zwei Anmerkungen:

- Die Liste der Fragen kann und soll nicht vollständig sein. Sie soll Ihnen lediglich eine erste Hilfestellung bieten und Ausgangspunkt für weitere – im individuellen Kontext passende – Fragen sein. Wichtig ist der Gesamtblick aus einer Metaperspektive auf die Richtung möglicher Fragen.
- Bedeutsam ist auch, die Art bzw. Form der Fragen zu variieren. Neben »normalen« offenen W-Fragen, hypothetischen und zirkulären Fragen bietet sich die ganze Vielfalt der systemischen Frageformen bzw. -techniken an (Wunderfrage, skalierende Frage, Fragen mit Bildern und Metaphern).

Fragen mit dem Fokus »Entwicklung und Abfolge«

Beispiele für mögliche Fragen mit dem Fokus »Entwicklung und Abfolge«:

- Wann ist Ihnen diese Situation zum ersten Mal bewusst geworden?
- Wie hat es sich angedeutet?
- Bis zu welchem Zeitpunkt hätte ein guter Magier die Begleitsymptome noch wegzaubern können, ohne dass jemand aus Ihrer Umgebung etwas davon mitbekommt?
- Wenn Sie die Intensität des Sachverhalts auf einer Skala von 1 (sehr gering) bis 10 (äußerst intensiv) im zeitlichen Verlauf von damals bis heute darstellen sollten, wie würde diese Kurve aussehen?
- Wenn ich eine wichtige Person aus Ihrer Umgebung fragen würde, wie sich die zeitliche Abfolge darstellt, was würde sie mir antworten?

Fragen mit dem Fokus »Ursache und Wechselwirkung«

Beispiele für mögliche Fragen mit dem Fokus »Ursachen und Wechselwirkungen«:

- Wie erklären Sie sich die aktuelle Situation?
- Worin liegen aus Ihrer Sicht mögliche Ursachen für diesen Sachverhalt?
- Wer hat die Situation maßgeblich beeinflusst?
- Welche Rolle spielen dabei aus Ihrer Sicht Glück und Pech?
- Wie würde Frau/Herr X die Entwicklung beschreiben?
- Wenn Sie aus heutiger Sicht nachträglich an einem entscheidenden Punkt eingreifen könnten, wann wäre dies gewesen?

Ausblick
Auch hier erweist es sich als sinnvoll, zwei Aspekte zu unterscheiden:

- Welche Konsequenzen hat das Geschehen für die Zukunft? (»Wozu kann dies führen?«)
- Welche möglichen Ziele für den Fallgeber sind zu berücksichtigen? (»Wo wollen Sie hin?«)

Beispiele für Konsequenzen

Beispiele für mögliche Fragen mit dem Fokus auf die Konsequenzen:

- Wozu wird dies Ihrer Meinung nach führen?
- Welche Folgen ergeben sich aus dieser Entwicklung für Personen aus Ihrem Umfeld?
- Welche Reaktionen wird dies bei anderen Beteiligten auslösen?
- Wenn Sie die vier bedeutsamsten Auswirkungen des Sachverhalts auf einer Skala von 1 (sehr positiv) bis 9 (sehr negativ) beurteilen, zu welchem Ergebnis kommen Sie?
- Wenn ich Frau/Herrn X frage, wie er darauf reagieren wird, was wird er mir antworten?
- Was wird diese Entwicklung noch beschleunigen?
- Wie sieht die Situation in zwei Jahren aus, wenn sich nichts verändert?

Beispiele für Ziele

Beispiele für mögliche Fragen mit dem Fokus auf die Ziele:

- Welche Ziele verfolgen Sie damit?
- Angenommen, ein Außenstehender oder ein Fremder, der mit dem Ganzen noch nie etwas zu tun hatte und damit auch keine eigenen Interessen verbindet, ist mit diesem Sachverhalt konfrontiert: Welche handlungsleitenden Ziele würde er bei Ihnen spontan vermuten?
- Wie lässt sich Ihr Ziel mit drei Worten positiv beschreiben?
- An welcher Größe lässt sich das Ziel messen?
- Woran werden Sie zuerst merken, dass Sie Ihrem Ziel einen kleinen Schritt näher gekommen sind?

Die inhaltliche Analyse- bzw. Bewertungsdimension

Die zweite Dimension rückt die Eigenheit oder Beschaffenheit einer Sache bzw. eines Ereignisses in den Vordergrund. Die beiden polaren Enden der Dimension sind die »Beschaffenheit der Sache an sich« und die »innere Repräsentanz dessen im Klienten«. Vereinfacht kann man auch von der Ebene der Fakten und der Emotionen sprechen.

Fakten

- Welche Qualität hat dieser Sachverhalt? (»Wie genau ist es – für Sie?«)
- Welches Ausmaß hat dieser Sachverhalt? (»Wie groß ist es – für Sie?«)

Auch an dieser Stelle – bevor wir Ihnen eine erste Fragesammlung vorstellen – der Hinweis darauf, dass beide Aspekte im subjektiven Erleben und Verhalten des Fallgebers eng miteinander verwoben sind. Das Ob und Wie des Verbundenseins sind ja ein Teil seiner subjektiven Weltsicht, die es zu hinterfragen gilt.

Fragen mit dem Fokus »Qualität«

Beispiele für mögliche Fragen mit dem Fokus »Qualität«:

- Wie beschreiben Sie wesentliche Merkmale dieses Sachverhaltes?
- Wie können Sie diesen Sachverhalt charakterisieren?
- Was unterscheidet diesen Sachverhalt von anderen?
- Welches Merkmal darf man verändern, ohne dass sich etwas Wesentliches am Sachverhalt ändert?
- Welches Merkmal darf man verändern, ohne dass sich dies gleich auf das Ganze auswirkt?
- Was müssen Sie tun, um jede Veränderung an der Qualität zu unterbinden?

Fragen mit dem Fokus »Ausmaß«

Beispiele für mögliche Fragen mit dem Fokus »Ausmaß«:

- Wie (hoch/breit/lang/tief usw.) ist dieser Sachverhalt gestaltet?
- Wie weit reichen die Ausläufer dieses Sachverhalts?
- Inwieweit unterscheidet sich diese Sache in dem Ausmaß entscheidend von allen anderen?
- Verglichen mit dem Sachverhalt XY: Was macht das besondere Ausmaß dieses Sachverhalts aus?
- Woran lässt sich das Ausmaß zuerst erkennen?
- Was trägt für Sie entscheidend zum Ausmaß dieser Sache bei?

Emotionen

- Wie *betroffen* ist der Fallgeber von dieser Situation? (»Wie genau ist es?«)
- Welche *Bedeutung* hat dies für den Klienten? (»Wie groß ist es?«)

Beispiele für mögliche Fragen mit dem Fokus »Bedeutung«:

Fragen mit dem Fokus »Bedeutung«

- Welche Eindrücke verbinden Sie mit diesem Sachverhalt?
- Wie nah geht Ihnen das auf einer Skala von 1 bis 10?
- Wer aus Ihrem Umfeld misst dem die größte Bedeutung zu?
- Wie würde die Person XY reagieren, wenn sie davon erführe?
- Welche Bedeutung messen Sie dem zu?
- Welche Person in Ihrem Umfeld misst dem am meisten Bedeutung zu? Wer am wenigsten?

Beispiele für mögliche Fragen mit dem Fokus »Betroffenheit«:

Fragen mit dem Fokus »Betroffenheit«

- Wie würden Sie die Gefühle beschreiben, die dies in Ihnen auslöst?
- Was ist das entscheidende Gefühl, das in Ihnen vorherrscht?
- Wie würden Sie den Satz zu Ende bringen: »Ich fühle mich wie ...«?
- Wenn Sie Ihre Gefühle sortieren müssten: Was wäre das stärkste, was das zweitstärkste ...?«
- Was freut Sie daran?
- Welche Sorgen verbinden Sie damit?
- Wie weit müssen Sie dies von sich wegschieben, dass Sie es nicht mehr spüren?

Last but not least: Der »Reflexionsknotenpunkt« der beiden Dimensionen

Die folgenden Fragen, die sozusagen im Zentrum, also im Achsenkreuz des Fragekompasses stehen, sollen die Situation thematisieren, in der die Fragen formuliert werden. Sie machen das Frageverhalten des Fragers und das Antwortverhalten des Befragten selbst zum Thema:

Fallgeber reflektiert die Fragen

- Wie geht es Ihnen mit der Situation im Moment?
- Wie zufrieden sind Sie mit dem bisherigen Verlauf unseres Gesprächs?
- Welche Frage hat Sie am meisten beschäftigt?
- Wie empfinden Sie die Form unseres Gesprächs im Moment?
- Welche Fragen haben wir aus Ihrer Sicht vergessen zu stellen?
- Welche Frage(n) beschäftigen Sie noch besonders?

4.4 Frage-Radar

Das Ausgangsproblem

Sie führen eine kollegiale Fallberatung durch und wollen die Gesamtsituation noch besser verstehen. Nach einer intensiven Fragerunde haben Sie das Gefühl, in bekannten Schemen stecken zu bleiben und keine neuen Ideen zu haben.

Die Lösung

Der Frage-Radar ist ein hilfreiches und ausgeklügeltes Instrument für die systematische Suche nach neuen Fragen in einer beliebigen Situation. Er beruht auf dem Fragekompass und fügt in das Koordinatensystem »Zeit« und »Inhalt« eine Fülle möglicher Frageaspekte ein. Dadurch ermöglicht er eine sehr detaillierte, umfassende und mehrperspektivische Abbildung jeder denkbaren Situation.

Aufbau und Struktur

Zentrum

Im Zentrum steht das Achsenkreuz des Fragekompasses mit den beiden Dimensionen »Zeit« (waagerecht) und »Inhalt« (senkrecht). Die vier Endpunkte und der Schnittpunkt stellen besondere Frageaspekte dar (grau schraffiert). Verteilt auf die gesamte Fläche befinden sich 38 Frageaspekte in kleinen (nummerierten) Kästchen. Sie repräsentieren spezifische Merkmale und Themen, durch die jede beliebige Situation ausdifferenziert und unter verschiedenen Blickwinkeln analysiert werden kann. Durch ihre Unterschiedlichkeit bringen die Frageaspekte ganz neue Akzente ins Spiel.

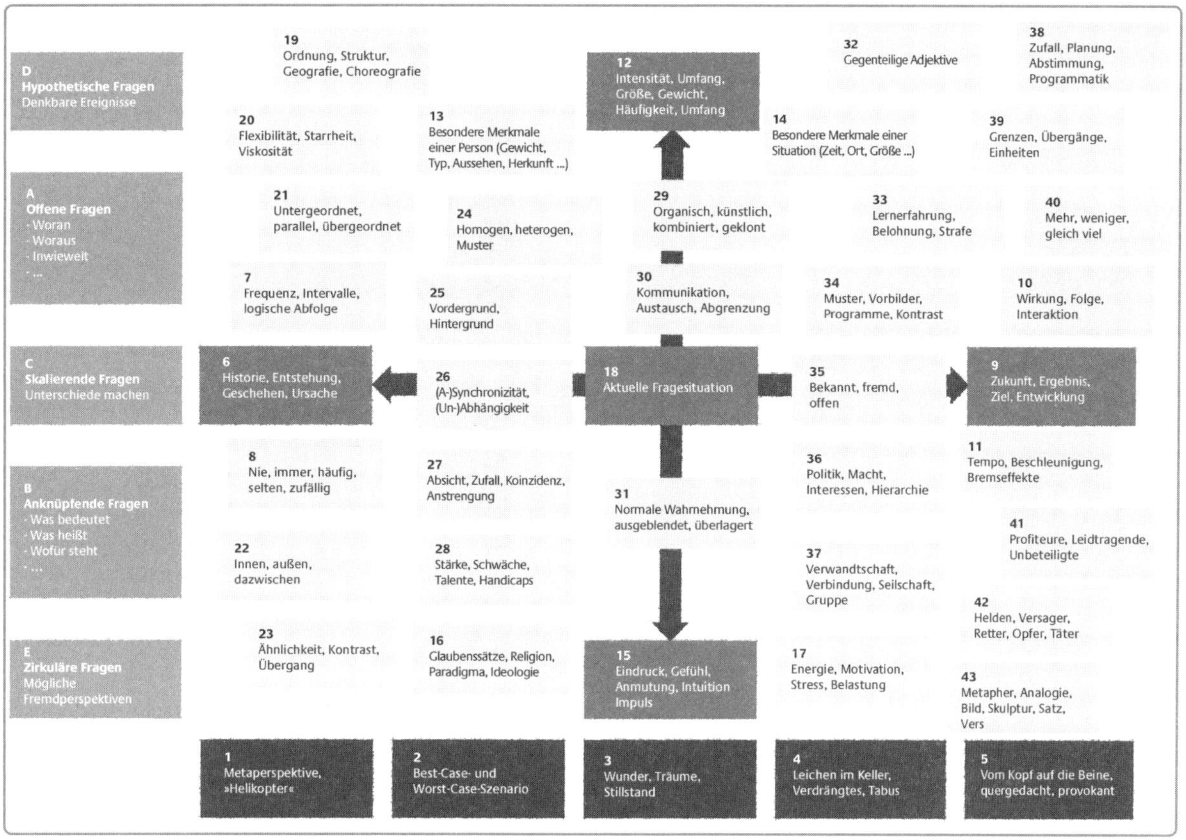

Abb. 11: Frage-Radar mit 38 Frageaspekten

Linker und unterer Seitenrand

Am linken und unteren Seitenrand finden sich bedeutsame Merkmale, die maßgeblich die Formulierung und Wirkung von Fragen bestimmen. Diese Faktoren durchdringen und beeinflussen gleichermaßen alle 38 Frageaspekte. Aus den vielfältigen Kombinations- und Variationsmöglichkeiten ergeben sich fast unendlich viele Fragen.

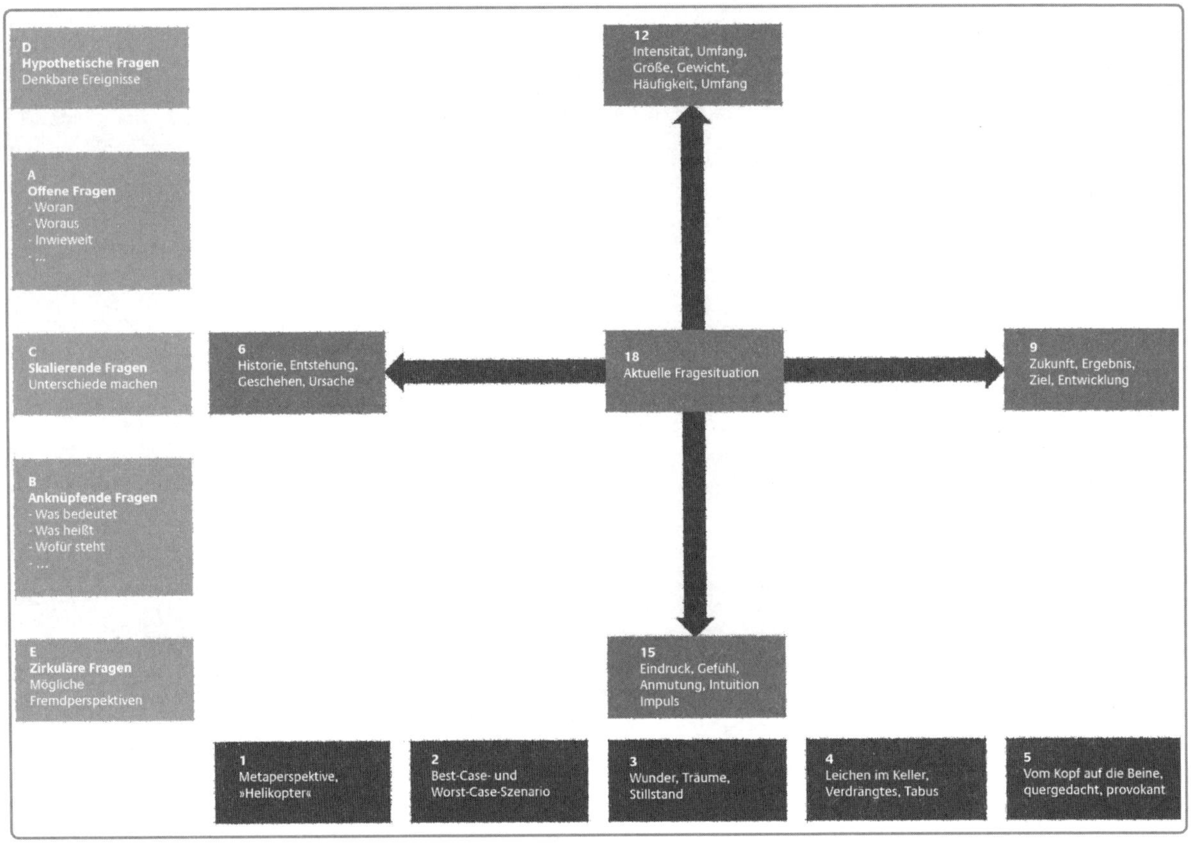

Abb. 12: Frage-Radar – Grundstruktur mit Achsenkreuz

Details am linken Seitenrand

Am linken Seitenrand finden sich die zentralen Formen möglicher Fragen. Die Felder (A) und (B) beziehen sich auf offene Fragen:

- Der obere Kasten (A) fokussiert besondere offene Fragewörter, wodurch der Gesprächspartner zur Reflexion angeregt werden soll.
- Der untere Kasten (B) thematisiert die spezielle Technik des anknüpfenden Fragens, was bedeutet, dass man sich auf die Worte des Gegenübers bezieht.

Systemische Fragen

Die Felder (C), (D) und (E) kennzeichnen spezielle systemische Fragetechniken, wodurch generell der Fokus im Gespräch auf systemische Merkmale der Situation gelenkt werden soll.

- **Skalierende Fragen** (C) definieren Bewertungen und Eigenschaften hinsichtlich ihrer Ausprägung.
- **Hypothetische Fragen** (D) erweitern den Blickwinkel auf denkbare Ereignisse in Vergangenheit und Zukunft und fördern so Kreativität und Flexibilität.
- **Zirkuläre Fragen** (E) bringen den vermuteten Blickwinkel fremder Personen ins Spiel und integrieren somit eine Vielzahl weiterer Perspektiven.

Details am unteren Seitenrand

Am unteren Seitenrand finden sich keine weiteren Frageformen, sondern Frageinhalte und Formate im Sinne von übergeordneten Charakteristiken; ihnen allen ist gemeinsam, dass sie verstören oder irritieren und dadurch neue Perspektiven in die Fragesituation einbringen.

- Kasten (1) verweist auf die Metaperspektive, das heißt auf Fragen, die sich vom Detail lösen und übergeordnete Gesamtzusammenhänge suchen.
- Kasten (2) enthält Fragen, die sich an Best-Case- oder Worst-Case-Szenarien orientieren und die Perspektive auf ungewöhnliche Extreme weiten sollen.
- Kasten (3) enthält Fragen, die Wunder, Träume und Stillstand thematisieren. Sie sollen dabei helfen, die Grenzen des linearen Denkens zu überwinden und Ideales oder Undenkbares zumindest anzudenken.
- Fragen nach »Leichen im Keller« (4) sollen ebenfalls kreative Unruhe stiften und dazu ermuntern, Tabus oder Verdrängtes anzusprechen.
- Und last but not least bringen die Fragen in Kasten (5) »Quer gedacht, vom Kopf auf die Beine gestellt« bisher nicht Gedachtes, nicht Gefragtes, nicht Angesprochenes oder nicht für möglich Gehaltenes ins Spiel.

Vorbemerkung zu den Beispielfragen

Auf den folgenden Seiten finden Sie mehr als 300 Fragen zu den verschiedenen Frageaspekten.

Zu den Frageaspekten:

- Die Frageaspekte – und somit die Fragen – stellen lediglich eine Auswahl möglicher Blickwinkel dar; eine Vielzahl weiterer Aspekte ist ausgeklammert.

- Die Auswahl der Frageaspekte beruht auf unserer jahrelangen Erfahrung und integriert eine Fülle heterogener Gedanken und Ansatzpunkte.
- Natürlich sind nicht alle Frageaspekte in jeder Situation gleich bedeutsam und sinngebend – manchmal ergeben sie auf den ersten Blick weniger Sinn. Situativ passend eröffnen sie aber oft ungeahnt neue Perspektiven und fördern dadurch völlig neue Szenarien.

Zu den Fragen:

- Da sich die konkreten Situationen in der Praxis erheblich unterscheiden, sind die Fragen weitgehend allgemein formuliert. In der Regel ist völlig wertfrei von Personen, Phänomenen oder Systemen die Rede (und nur in Ausnahmefällen von Kunden, Kollegen oder Chefs).
- Sofern von einem »Problem« die Rede ist, steht dies stellvertretend für eine anstehende, als schwierig erlebte Situation, die einer Lösung bedarf.
- Die Fragen haben zudem einen Mustercharakter; das heißt, durch wenige situationsspezifische Änderungen ergeben sich umgehend neue Möglichkeiten.

Beispiel

Ausgangsfrage im Radar: »Wie viel Energie benötigen Sie in dieser Situation?«
Veränderte Fragemöglichkeiten:

→ »Wie viel Kraft kostet Sie diese Situation auf einer Skala von 1 bis 10?«
→ »Wie viel Energie benötigen Sie für diesen Prozess auf einer Skala von 1 bis 10?«
→ »Wie viel Durchsetzungsvermögen benötigen Sie für diesen Prozess auf einer Skala von 1 bis 10?«
→ »Wie schätzen Sie zurzeit Ihr Durchsetzungsvermögen auf einer Skala von 1 bis 10 ein?«

Lassen Sie sich dazu inspirieren, ähnliche Fragen zu konstruieren. Viel Erfolg!

Beispielfragen

1. Metaperspektive, »Helikopter«

Man versucht sich von der Situation zu distanzieren und einen anderen Blickwinkel einzunehmen:

- Was würde man sehen, wenn man aus einem Helikopter von oben auf den Sachverhalt schauen würde? **Der Blick von oben**
- Welche neuen Blickwinkel würden sich daraus ergeben?
- Was würde man aus einer Metaperspektive anders sehen?
- Wer könnte aus Ihrem Umfeld den besten Überblick über das Geschehen haben? *Folgefrage:* Was kennzeichnet diese Person?

2. Best-Case- und Worst-Case-Szenario

Man übertreibt die Situation, um zu neuen Perspektiven zu gelangen:

- Was wäre die beste aller Lösungen?
- Woran würden Sie die perfekte Lösung erkennen?
- Was müssten Sie tun, um die Situation gegen die Wand zu fahren? **Übertreiben**
- Angenommen, Sie kommen morgen ins Büro und alles, was schiefgehen kann, geht schief: Was ist passiert? *Folgefrage:* Was machen Sie dann? *Alternative Folgefrage:* Was wäre das Gute daran?

3. Wunder, Träume, Stillstand

Man führt völlig neue (eigentlich undenkbare) Wendungen des Geschehens ein:

- Stellen Sie sich vor, eine Fee kommt und Sie haben drei Wünsche frei: Wie lauten diese drei Wünsche?
- Gesetzt den Fall, Sie wachen morgen auf und ein Wunder ist geschehen: Das Problem ist gelöst. Woran würden Sie das sofort erkennen? *Alternative Folgefrage:* Wer aus Ihrem Umfeld würde das zuerst erkennen?
- Gesetzt den Fall, ein böser Fluch wütet und der aktuelle Zustand würde auf ewig eingefroren. Was würde dies bedeuten? **Träumen**
- Welchen großen Traum haben Sie in Bezug auf diese Situation?
- Wenn Sie die Macht hätten, eine Sache sofort zu verändern: Was wäre diese eine Sache?

4. Leichen im Keller, Verdrängtes, Tabus

Man sucht nach Themen, die nie auf den Tisch kommen und dennoch für das Verständnis der Situation bedeutsam sind:

- Worüber reden die Beteiligten bei ihrem Thema nie?
- Woran erkennt man eine Person, die gegen nicht besprochene Tabus verstößt?
- Was müsste ich tun, um mich bei Ihnen völlig zu diskreditieren? **Verborgenes bergen**

- Was müsste ich tun, um mich in Ihrem Team völlig zu diskreditieren?
- Wer ist in der Firma der »Dunkle Lord Waldemort« aus den Harry-Potter-Romanen, also die Person, über die man nicht sprechen darf?
- Woran könnte ein Außenstehender Tabus bei Ihnen sofort erkennen?
- Wer hat welche Leiche im Keller?
- Wie gerne wären Sie ein Tabubrecher?

5. Vom Kopf auf die Beine, quergedacht, provokant

Man interveniert oder provoziert ein bisschen, um Irritationen herbeizuführen:

- Wie viel Kraft kostet es, diesen Zustand stabil zu halten?
- Was ist das Gute am Schlechten? **Querdenken**
- Wann haben Sie beschlossen, es sich nicht gut gehen zu lassen?
- Wie müsste ein Kündigungsschreiben an das Problem aussehen?
- Stellen Sie sich vor, alle Experten, die Ihnen helfen könnten, wären tot. Was würden Sie dann tun?

6. Historie, Entstehung, Geschehen, Ursache

Man versucht, das Geschehen auf der Zeitachse zu konstruieren:

- Wann wurde das Phänomen oder Problem zum ersten Mal für Sie sichtbar?
- Wie entstand diese Situation?
- Welche Schritte lassen sich bei der Entstehung rekonstruieren?
- Worin sehen Sie die Ursache?
- Worin würde Ihr Kollege die Ursache sehen? *Folgefrage:* Was unterscheidet Sie von ihm?

7. Frequenz, Intervalle, logische Abfolge

Man strukturiert die zeitliche Entwicklung:

- Wie häufig taucht das Problem auf?
- Wie hoch ist die Wahrscheinlichkeit dafür, dass das Problem morgen wieder auftaucht?
- Wie groß sind die Intervalle zwischen den Situationen?
- Inwieweit erkennen Sie eine Logik in der Abfolge? *Folgefrage:* Woran machen Sie das fest?
- Wäre es einem böswilligen Experten möglich, Ihr Denken sofort als Scheinlogik zu entlarven?

8. Nie, immer, häufig, selten, zufällig

Man definiert die zeitliche Qualität und hinterfragt Zuschreibungen:

Hinterfragen

- Was heißt »nie«?
- Gibt es Ausnahmen?
- Was verstehen Sie unter »häufig«?
- Wie unterscheidet sich Ihre Definition von »häufig« von der Ihres Kollegen?
- Was heißt »zufällig«?
- Wie häufig beobachten Sie das Phänomen? *Folgefrage:* Wann tritt es nicht auf?

9. Zukunft, Ergebnis, Ziel, Entwicklung

Man rückt die Zukunft ins Blickfeld:

In die Zukunft fragen

- Wie wird es weitergehen?
- Welches Ziel haben Sie?
- Welche Ergebnisse halten Sie für möglich? *Folgefrage:* Wie wahrscheinlich sind diese Ergebnisse? *Alternative Folgefrage:* Wie beurteilen Sie die weitere Entwicklung?
- Was spricht dagegen, sich zurzeit Ziele zu setzen?

10. Wirkung, Folge, Interaktion

Man analysiert zukünftige Entwicklungen:

- Falls es so weitergeht: Wie wirkt sich dies auf Ihre Umgebung aus?
- Welche Wirkung erhoffen Sie sich?
- Inwieweit sind dies Folgen Ihres Verhaltens?
- Welche Wechselwirkungen mit anderen Personen bestehen hier?
- Woran machen Sie fest, dass A eine Folge von B ist? *Folgefrage:* Wer könnte das genau andersherum sehen?
- Wenn man von außen zuschaut: Welches innere Drehbuch könnte sichtbar werden?

11. Tempo, Beschleunigung, Bremseffekte

Man beschreibt zukünftige Entwicklungen in ihrer Dynamik:

Beschleunigen

- Mit welchem Tempo schreiten diese Veränderungen voran?
- Wenn Sie das Tempo mit Geschwindigkeiten zwischen 0 und 300 Stundenkilometern beschreiben: Welche Geschwindigkeit würden Sie wählen und was empfinden Sie dabei?

- Wenn wir das Ganze mit einem Überschall-Flugzeug vergleichen: Wo ist dann die Schallmauer?
- Wo treten systemimmanente Bremseffekte auf? *Folgefrage:* Wie wichtig ist das? *Alternative Folgefrage:* Was geschieht mit Bremsern hier im Haus?

12. Intensität, Umfang, Größe, Gewicht, Häufigkeit
Man spezifiziert einen Sachverhalt in Bezug auf die wesentlichen Merkmale:

Einordnen

- Wie intensiv ist die Einwirkung?
- Wie groß ist das Problem?
- Wie umfangreich ist der Sachverhalt?
- Wie schwer wiegt das Problem?
- Wie schnell war die Einwirkung?

13. Besondere Merkmale einer Person
Man spezifiziert relevante Personen:

- Was kennzeichnet diese Personen?
- Was unterscheidet sie von anderen?
- Was sind drei besondere Wesensmerkmale dieser Person? Jeweils auf einer Skala von 0 (= gar nicht) bis 10 (= extrem).

Differenzieren

- Wie durchsetzungsfähig, fachlich oder sozial kompetent ist diese Person? *Folgefrage:* Woran machen Sie das fest?
- Welche Redewendung ist typisch für diese Person?
- Was unterscheidet Sie von ihr?
- Welchen Kosenamen würden Sie dieser Person geben?
- Auf welchen Typ Mensch wirkt diese Person besonders attraktiv?
- Bei welchen Merkmalen waren die Götter besonders sparsam?
- Worum beneiden Sie diese Person?
- Was, glauben Sie, wird diese Person am ehesten an Ihnen stören?

14. Besondere Merkmale einer Situation
Man spezifiziert relevante Merkmale der Situation:

Spezifizieren

- In welcher Situation geschah dies?
- Was sind konstituierende Merkmale der Situation?
- Warum gerade dort und damals?
- Was unterscheidet diese Situation von den meisten anderen? Warum verdient sie es, ins Guinness-Buch der Rekorde aufgenommen zu werden?
- Wie war die Situation im Detail?

15. Eindruck, Gefühl, Anmutung, Intuition

Man hinterfragt die Gefühle, die mit einer Person bzw. Situation verbunden sind:

Innerlich bewegen

- Was haben Sie gefühlt?
- Was war Ihr erster Eindruck?
- Wie nah ging Ihnen das auf einer Skala von 0 (= gar nicht nah) bis 10 (= sehr nah)?
- Woran konnte ein Außenstehender merken, wie nah Ihnen das ging?
- Welche Anmutung hat das für Sie?
- Inwiefern belastet Sie das?
- Was bedeutet … (*ein Wort des Gegenübers einsetzen*) in Ihrem emotionalen Haushalt?

16. Glaubenssätze, Religion, Paradigma, Ideologie

Man versucht, die Werte hinter den Gefühlen zu ergründen:

Werte erfragen

- Was sind die zwei bis drei wichtigsten ethischen Werte für Sie?
- Worauf kommt es Ihnen im Leben besonders an?
- Welches Paradigma ist zentral für Sie?
- Welche Rolle spielt Religion in Ihrem Leben?
- Wie stehen Sie zu Esoterik?
- Welche Glaubenssätze bestimmen Ihr Leben?
- Welchem zentralen Glaubenssatz in Ihrem Leben widerspricht diese Erfahrung?
- Hatten Sie schon einmal den Eindruck, Ihr Glaubenssystem gegenüber neuen Erkenntnissen zu immunisieren?
- In Island soll es an manchen Straßen Brücken für Feen geben. Wie finden Sie das?
- Inwieweit könnten Sie sich vorstellen, zu einem Schamanen zu gehen?
- Angenommen, ein Experte käme zu dem Schluss, Ihr Kollege sei von einem bösen Dämon besessen. Was würde dies für Sie bedeuten?

17. Energie, Motivation, Stress, Belastung

Man analysiert den aktuellen emotionalen Zustand:

- Wie viel Energie benötigen Sie in dieser Situation?
- Woher nehmen Sie die Energie?
- Wo tanken Sie auf?
- Was ist Ihr größter Energiefresser?

- Was motiviert Sie besonders?
- Wie schnell kann man Sie demotivieren?
- Stellen Sie sich vor, die Situation dauert noch zwei Monate an: Wie belastend wäre das für Sie?

Stressresistenz ermitteln

- Wie belastet wirken Sie zurzeit auf Ihren Chef?
- Wo reagiert Ihr Körper zuerst auf Stress?
- Auf einer Skala von 0 bis 10: Wie viel Stress haben Sie aktuell?
- Wenn Sie die Gestressten in der Abteilung in zwei Gruppen teilen: die der mehr und die der weniger Gestressten. Wer gehört dann zu welcher Gruppe?
- Waren Sie als Kind hyperaktiv oder eher still?

18. Aktuelle Fragesituation

Man thematisiert die Situation, in der sich die beiden Gesprächspartner gerade befinden:

- Wie geht es Ihnen gerade im Gespräch?
- Wie geht es Ihnen mit unseren Fragen?
- Welche Frage irritierte Sie bisher am meisten?
- Welche Frage vergaßen wir zu stellen?

19. Ordnung, Struktur, Geografie, Choreografie

Man versucht, die innere Ordnung eines Phänomens näher zu ergründen:

Ordnen

- Welcher inneren Ordnung folgt dieser Sachverhalt?
- Wie ist die Grundstruktur der Situation?
- Welcher Choreografie folgt der Prozess?
- Wenn man von ganz weit oben aus dem Helikopter darauf schauen würde: Welche Landkarte würde man erkennen?
- Was spricht dafür, dass das, was geordnet erscheint, eigentlich Zufall ist?
- Wer könnte diese Ordnung am ehesten zerstören?
- Verdient es diese Ordnung, in das UNESCO-Weltkulturerbe aufgenommen zu werden?

20. Flexibilität, Starrheit, Viskosität

Man analysiert eine Situation unter dem Blickwinkel der Flexibilität:

- Wie flexibel ist die Struktur in Ihrem Team bzw. Arbeitsbereich?
- Was ist hier ein besonders starrer Einflussfaktor?

- Stellen Sie sich vor, ein Wunder geschieht, und die Starrheit des Systems ist morgen früh vorbei: Woran würden Sie das zuerst merken?
- Welchen Vorteil hat es, in so einem starren System zu leben?
- Woran machen Sie die Eigenschaft »Flexibilität« fest?
- Inwieweit gibt es auch gegensätzliche Tendenzen im Haus?
- Würde Ihnen der TÜV hier die Flexibilität ISO 9001 zertifizieren?

21. Untergeordnet, parallel, übergeordnet

Man strukturiert ein Ganzes in verschiedene Teile und definiert deren Verhältnis:

Strukturieren

- Welche Prozesse laufen aktuell parallel? *Folgefrage:* Wo ist diese Parallelität hilfreich, wo nicht?
- Welcher Prozess B ist diesem Prozess A übergeordnet?
- Wie sieht die interne Architektur des Prozesses aus?
- Wie ist die Hierarchie im Prozess?
- Wer definiert die Struktur?
- Wie ist diese Zuordnung entstanden?
- Wer zeichnet verantwortlich für diese Strukturen?
- Was müsste man tun, um an einem Detail alles ins Wanken zu bringen?
- Was ist der archimedische Punkt im ganzen System?

22. Innen, außen, dazwischen

Man differenziert Prozesse und Strukturen nach einer Innen-Außen-Dimension:

- Lässt sich ein »Innen« von einem »Außen« unterscheiden?
- Was unterscheidet für einen Externen die Innensicht von der Außensicht?
- Was wird nach außen gut abgeschirmt?
- Wie wirken sich innere Prozesse nach außen aus?
- Wer passiert »dazwischen«?

23. Ähnlichkeit, Kontrast, Übergang

Man sucht nach Ähnlichkeiten und Gegensätzen:

Vergleichen

- Was unterscheidet die beiden Situationen?
- Worin gleichen sie sich?
- Wie viel prozentuale Gemeinsamkeit gibt es?

- Worauf führen Sie den (starken/schwachen) Kontrast zwischen den beiden Phänomenen zurück?
- Was müsste geschehen, damit der Kontrast weniger sichtbar wird?
- Wie wirkt der Kontrast auf Unbeteiligte?
- Welchen Sinn hat es, diesen Kontrast aufrechtzuhalten?
- Wie könnte ein gelungener Übergang aussehen?
- Wozu braucht es einen Übergang?

24. Homogen, heterogen, Muster

Man analysiert die innere Struktur und sucht Muster:

Muster erkennen

- Wie homogen ist das Team auf einer Skala von 1 bis 10?
- Wie brächte man etwas mehr Heterogenität in die Abteilung?
- Wem macht diese Struktur am meisten Angst?
- Welches Muster kann man von ganz weit oben (Helikopter-Perspektive) erkennen?
- Welche Vorteile hat diese Heterogenität des Angebots für die Firma?
- Was müsste jemand tun, um das Muster aufzubrechen?
- Wo Licht ist, ist bekanntlich auch Schatten: Was bedeutet das in Ihrem Fall?
- Gibt es Ausnahmen von der Regel? *Folgefrage:* Wann treten diese auf? *Alternative Folgefrage:* Was haben diese Ausnahmen gemeinsam?

25. Vordergrund, Hintergrund

Man unterscheidet verschiedene Ebenen der Erscheinung:

»Theater spielen«

- Was spielt sich im Hintergrund ab?
- Welche Prozesse sind nur vordergründig relevant, im Kern aber nicht?
- Was sieht man auf den ersten Blick?
- Wo muss man genau hinsehen, um wichtige Hintergründe zu erkennen?
- Was bietet man uns vordergründig an, um wovon abzulenken?
- Wer ist der Hauptkulissenschieber?
- Welche Oper könnte man mit dieser Kulisse gut inszenieren?
- Wie ähnlich ist das Ganze dem Stück »Des Kaisers neue Kleider«?

26. (A-)Synchronizität, (Un-)Abhängigkeit

Man analysiert die zeitliche Taktung von Prozessen:

- Wie synchron laufen die Prozesse ab?
- Wie sehr hängen diese Geschehnisse voneinander ab?

- Inwieweit kann man sich das eine oder das andere vorstellen?
- Angenommen, ein Prozess entfällt: Was hieße das für die anderen?
- Wie schaffen Sie es, diese Prozesse so synchron ablaufen zu lassen?
- Wer garantiert die Unabhängigkeit der Prozesse?
- Was geschieht, wenn die synchronen Abläufe gestört werden?

27. Absicht, Zufall, Koinzidenz, Anstrengung
Man untersucht die Entstehung hinsichtlich der Dimension Zufall oder Absicht:

Zufall oder Absicht?

- Welche Rolle spielt hier der Zufall?
- Inwieweit halten Sie das Geschehene für Absicht?
- Worauf ist die Gleichzeitigkeit der Ereignisse zurückzuführen?
- Wie sehr müsste man sich anstrengen, um das scheinbar absichtlich Geschehene als Zufall erscheinen zu lassen? *Folgefrage:* Welchen Sinn könnte dies haben?
- Woran machen Sie die Absicht fest?
- Was würde Sie daran kränken, wenn es Zufall gewesen wäre?

28. Stärke, Schwäche, Talente, Handicaps
Man analysiert die Fertigkeiten einer Person oder die Merkmale eines Prozesses:

Ressourcen und Hindernisse

- Welche Schwäche wird hier sichtbar?
- Womit kann man (wer?) diese Schwäche kompensieren?
- Über welche Talente verfügt diese Person?
- Welches Handicap wird hier verborgen? *Folgefrage:* Wozu dient das?
- Wo kann man solche Talente erwerben? *Folgefrage:* Wo sind potenzielle Neider?
- Welche Stärke kann man in dieser Situation leicht übersehen?
- Wie kann man diese Stärken auf andere Systeme übertragen?

29. Organisch, künstlich, kombiniert, geklont
Man analysiert die Struktur näher in Bezug auf die »Herstellung«:
- Wie organisch ist das Ganze gewachsen?
- Welche Prozesse sind künstlich? *Folgefrage:* Woraus ergab sich die Notwendigkeit?
- Welche Faktoren wurden hier kombiniert?
- Inwieweit gibt es Klone?

- Was wirkt künstlich auf Sie?
- Bevorzugen Sie künstliche oder organische Prozesse? *Folgefrage:* Wie grenzen Sie diese voneinander ab?

30. Kommunikation, Austausch, Abgrenzung
Man fokussiert kommunikative Prozesse:

Wer hat wie mit wem Kontakt?

- Wie verläuft die Kommunikation (im Haus)?
- Wer kommuniziert wie und wann über diese Dinge?
- Wie beurteilen Sie die Qualität des Austausches auf einer Skala von 0 (verdeckt) bis 10 (offen)?
- Wie kann man die Kommunikation optimieren?
- Was ist charakteristisch für den Austausch zwischen den beiden Personen?
- Wie würden Außenstehende die Kommunikation beurteilen?
- Wenn man ab sofort besser kommunizieren würde: Was würde sich ändern?
- Wie grenzt man die verschiedenen Kommunikationsnetzwerke voneinander ab?
- Was schweigt man (wer) am besten tot?

31. Normale Wahrnehmung, ausgeblendet, überlagert
Man hinterfragt die angebliche Objektivität bzw. Subjektivität von Prozessen:

»Wahrheit« hinterfragen

- Was wird dabei ausgeblendet?
- Was trägt zur Verzerrung der Wahrnehmung bei?
- Was kann man (wer?) tun, um wieder »objektiver« auf die Dinge zu sehen?
- Von welchen Phänomenen wird dieser Konflikt überlagert?
- Welche Prozesse überlagen sich hier?
- Wer im Haus hat eine möglichst »objektive« Wahrnehmung des Ganzen? *Folgefrage:* Warum gerade diese Person?

32. Gegenteilige Adjektive
Man versucht, Sachverhalte mit gegenteiligen Adjektiven zu beschreiben:

- Wie alt/neu ist dieser Konflikt?
- Als wie bunt/einfarbig erleben Sie das Team?
- Wie kurzweilig/langweilig ist Ihr Alltag? *Folgefrage:* Woran machen Sie das fest?

33. Lernerfahrung, Belohnung, Strafe

Man geht auf das Lernverhalten der System-Beteiligten ein:

Wer hat was gelernt?

- Welche Erfahrung haben Sie da gemacht?
- Wie wurden Sie dafür belohnt?
- Was sind hier Ihre wichtigsten Lernerfahrungen? *Folgefrage:* Was meinen Sie, wie es Ihren Kollegen hierbei geht?
- Inwieweit erleben Sie das als Bestrafung?
- Was wünschen Sie sich als Belohnung, wenn das Projekt früher als geplant beendet wird?
- Wie kann man dem Team eine nachhaltige positive Lernerfahrung ermöglichen?
- Was macht nachhaltiges Lernen für Sie aus?
- Was hat das gesamte System in den letzten drei Jahren primär lernen müssen?
- Warum lernt man nie aus?

34. Muster, Vorbilder, Programme, Kontrast

Man sucht nach impliziten und expliziten Mustern:

Welche Muster sind erkennbar?

- Erkennen Sie irgendwelche Muster in dieser Entwicklung?
- Welche Prozesse sind sich ähnlich?
- Gibt es Verhaltensmuster, die man immer wieder erkennt?
- Welche Vorbilder haben Sie? *Folgefrage:* Was macht diese Person für Sie zum Vorbild?
- Welche Programme beeinflussen das System?
- Welche Abläufe geschehen außerhalb der offiziellen Strukturen?
- Wie gelingt die Koordination der verschiedenen Programme?
- Welche übergreifenden Muster würde ein Außenstehender vermutlich schnell erkennen?

35. Bekannt, fremd, offen

Man analysiert die Neuartigkeit der Interaktion oder des Erkenntnisprozesses:

- Woher kennen Sie so etwas?
- Wie bekannt kommt Ihnen das vor?
- Was ist besonders fremd für Sie?
- Was macht für Sie das besonders Fremdartige daran aus?
- Wie wichtig ist es für Sie, mit den Prozessen bekannt zu sein?

- Wie gehen Sie mit Fremdheit um?
- Wie schaffen Sie es in so kurzer Zeit, sich so schnell mit den Details bekannt zu machen?
- Gibt es etwas, das für Sie immer ein Buch mit sieben Siegeln bleiben wird?

36. Politik, Macht, Interessen, Hierarchie

Man analysiert die Machtstrukturen:

Welche Interessen sind wirksam?

- Wie wichtig ist aktuell »Politik« in diesem Haus?
- Wie wichtig ist Macht für Sie?
- Welche Interessen stehen sich hier gegenüber?
- Wie durchlässig sind die Hierarchien?
- Wie viel »Politik« (ungefähr in Prozent) prägt diese Entscheidung?
- Zieht jemand im Hintergrund die Fäden?
- Wie würden Sie den folgenden Satz zu Ende führen: »Mit Macht verbinde ich ...«?

37. Verwandtschaft, Verbindung, Seilschaft, Gruppe

Man fokussiert Beziehungen nach Gruppierungen:

Welche Gruppen wirken wie?

- Sind Personen miteinander verwandt?
- Wie ist die Verbindung zwischen diesen Personen?
- Welche Seilschaften lassen sich unterscheiden? *Folgefrage:* Welche Bedeutung haben diese Seilschaften für das Problem?
- Welche Gruppierungen lassen sich erkennen?
- Was kennzeichnet diese Gruppen?
- Woran machen Sie die Zugehörigkeit zu dieser Gruppe fest?
- Angenommen, alle Teilnehmer der Gruppe lägen für fünf Monate mit einer schweren Grippe im Bett: Was wäre die Folge?
- Welcher Gruppe würden Sie gerne angehören, wenn Sie sich für eine entscheiden müssten?
- Welcher Gruppe würde ein Außenstehender Sie zuordnen?

38. Zufall, Planung, Abstimmung, Programmatik

Man fokussiert die Qualität von Entwicklungen auf ihre Programmatik:

- Wie viel Prozent Zufall stecken in diesem Ergebnis?
- Bis zu welchem Prozentanteil können Sie das genau planen?
- Wie wichtig ist eine genaue und detaillierte Planung?

- Wie kommen andere Systeme zurecht, die nicht so gut planen können?
- Wie gewährleisten Sie die Abstimmung zwischen den Beteiligten? *Folgefrage:* Wie kann man die Abstimmung optimieren?
- Wer müsste sich mit wem mehr abstimmen?
- »Im Chaos liegt auch Kraft«: Wie stehen Sie zu dieser Aussage?

39. Grenzen, Übergänge, Einheiten

Man untersucht die Grenzen zwischen verschiedenen Bereichen:

Wo verlaufen Grenzen und Übergänge?

- Wo genau verläuft hier die Grenze? *Folgefrage:* Wer hat diese wann definiert? *Alternative Folgefrage:* Inwieweit profitieren Sie davon?
- Wodurch grenzt man die verschiedenen Prozesse voneinander ab?
- Wie gestalten sich die Übergänge?
- Welche angegrenzten Einheiten lassen sich unterscheiden?
- Gibt es Überschneidungen?
- Wo ergänzen sie sich?
- Wo behindern sie sich?

40. Mehr, weniger, gleich viel

Man hinterfragt den Wunsch nach Veränderung:

- Wovon hätten Sie gerne mehr?
- Wovon weniger?
- Was passt so?
- Man sagt oft, weniger sei mehr: Inwieweit trifft das auch auf diese Situation zu?
- Wovon könnten Sie mehr abgeben? *Folgefrage:* Wer könnte das am ehesten brauchen?
- Von welcher Eigenschaft sollte Ihr Kollege mehr haben?
- Was, glauben Sie, wünscht sich Ihr Kollege von Ihnen mehr?

41. Profiteure, Leidtragende, Unbeteiligte

Man fokussiert auf Personen im Umfeld der Entwicklung:

Wer gewinnt, wer leidet?

- Wer profitiert davon am meisten?
- Wer sind die Leidtragenden?
- Was sind die Gründe dafür, das in dieser Form in Kauf zu nehmen?
- Wen betrifft es gar nicht? *Folgefrage:* Woran merkt man das?
- Inwieweit spüren die Betroffenen das?
- Wo stecken verdeckte Profiteure?

42. Helden, Versager, Retter, Opfer, Täter

Man thematisiert die Rollenverteilung und polarisiert dabei:

Wer hat welche »Position«?

- Was kennzeichnet Helden in diesem Geschehen?
- Jemand hat Sie als Held bezeichnet: Womit hat er das begründet?
- Welche Rolle spielen Sie?
- Wer wird sich als Versager fühlen? *Folgefrage:* Was kann man dagegen tun?
- Wer füllt die Rolle des ewigen Retters aus?
- Wer hat es satt, ewig Täter zu sein?
- Wie kommt man aus diesem Drama um Opfer, Retter und Täter stilvoll heraus?
- Was verbinden Sie mit Scheitern und Versagen?

43. Metapher, Analogie, Bild, Skulptur, Satz, Vers

Man sucht passende Metaphern für eine Situation und schafft so eine kreative Verfremdung:

»Entkrampfen«

- Wenn Sie Ihr Team als Korb mit Früchten beschreiben müssten: Wer hat eine harte Schale, aber einen weichen Kern? Wer ist leicht verderblich, wer auf ewig frisch?
- Wenn Sie die Firma als Theater sehen: Wer schiebt die Kulissen?
- Welches übergreifende Motto gilt hier?
- Welcher bekannte Film würde die Situation am besten beschreiben?
- Welcher berühmte Maler könnte die Situation am besten darstellen?
- Wie würde Woody Allen Ihre Situation verfilmen?
- Welcher (Werbe-)Slogan oder welche Überschrift in der Bild-Zeitung würde die Lage am treffendsten beschreiben?
- Welches Tier würde Ihren Kollegen am ehesten beschreiben?
- Als welches Tier würde Ihr Kollege Sie wahrscheinlich beschreiben?
- Was meinen Sie, wie Ihr Team aus der Perspektive eines Helikopters wirkt: Ameisenhaufen oder Koala-Bär-Gehege?
- Was wären Sie lieber: Adler oder Bär?

5. Fallbesprechung

Der nachfolgend beschriebene Fall beruht auf einer authentischen kollegialen Beratung. Die Ausführungen sollen dem Leser ein konkretes Beispiel für den Ablauf einer Fragerunde geben und ihm ein Gefühl für die Auswahl und Formulierung von Fragen vermitteln.

Dies betrifft sowohl einzelne Fragen als auch Sequenzen von Fragen. Im Fokus steht dabei die systemische Qualität der Fragen. Dies betrifft vor allem die Auswahl (»Was wird gefragt?«) und die Formulierung (»Wie wird gefragt?«), aber auch die »Passung« von Frage und Situation (»In welcher Situation wird mit welcher Intention gefragt?«). Aspekte der Stimme und Körpersprache (»Wie wird die Frage transportiert?«) werden soweit relevant ebenfalls besprochen.

Der Fokus dieser Ausführung ist eher didaktisch. Es geht nicht darum, die Fragerunde im Wortlaut abzubilden, sondern darum, die Grund-Dramaturgie und die Fragedynamik zu erfassen. Vor diesem Hintergrund haben wir einzelne Fragen umformuliert, andere weggelassen und neue Fragen hinzugefügt. Insgesamt blieb aber die Grund-Dramaturgie des Settings erhalten.

Elena M. – eine »schwierige« Mitarbeiterin

Ein konkreter Fall

Die Fallgeberin, Katharina B. (Name geändert), ist etwa 45 Jahre alt und arbeitet in einer großen Veranstaltungsagentur. Vor ca. einem Jahr wurde sie zur Abteilungsleiterin befördert.

Fallgeberin: »Es geht um eine Mitarbeiterin von mir, die sehr schwer zu motivieren ist. Sie ist ca. 50 Jahre alt und heißt Elena M. (*Name geändert*). Ich wurde vor knapp einem Jahr Abteilungsleiterin, und da kam sie in meine Abteilung. Ich kenne sie schon länger und komme eigentlich ganz gut oder zumindest normal mit ihr aus. Das heißt, wir waren uns nicht unsympathisch, es gab aber auch keine näheren Kontakte.

Wie es dazu kam... Vor über einem Jahr hat unser Chef – er ist der Bereichsleiter – beschlossen, die Struktur in seinem Bereich umzuorganisieren. Da hat ihn wohl ein Berater draufgebracht. Aber egal. Umorganisieren war schon immer sein Steckenpferd, da kann er sich austoben. Ich hätte es übrigens anders gemacht, halte die Umorganisation für einen Fehler mit weitreichenden Folgen, bin da auch zum Teil in einem Loyalitätskonflikt, aber egal. Zurück: Also, da hat er aus verschiedenen Abteilungen Leute zusammengenommen und eine neue Abteilung gegründet, deren Leitung ich übernahm. Statt es mir frühzeitig zu sagen, habe ich es erst vier Wochen zuvor erfahren. Aber egal.

In meine Abteilung kamen drei ehemalige Kolleginnen, eine Frau aus einem anderen Bereich und diese eine Mitarbeiterin, Elena M. eben. Sie kommt aus der Abteilung des Chefs – denn kommissarisch leitet er seit Jahren auch eine Abteilung – und war dort rund fünf Jahre. Sie war ganz früher einmal seine Sekretärin, ist dann aber wohl durch Interesse und gute Leistungen aufgefallen und bekam öfter mal interessante Aufträge. In letzter Zeit hat sie sich vor allem um Veranstaltungen für öffentliche Behörden gekümmert.

Ja, und nun ist es so, dass es sehr schwer ist, sie zu führen. Bei vielen Aufgaben taucht sie einfach ab. Wenn ich sie dann frage, wo sie steht, meint sie, das wäre schwierig, sie käme aber schon voran und würde mich die nächsten Tage informieren. Dann kommt sie aber nicht auf mich zu, sondern ich muss sie wieder fragen. Meist sagt sie, dass etwas Wichtiges dazwischen gekommen sei, sie es aber bald machen werde. Wenn Sie es mir dann vorlegt, wirkt es oft ›dahingerotzt‹, oberflächlich und lieblos. Spreche ich sie darauf an, meint sie, dass ich das etwas zu genau nehme (da höre ich meinen Chef-Originalton raus).

Ja, also, wo war ich stehengeblieben? Sie lässt sich dann wahnsinnig viel Zeit, und irgendwie merkt man ihr an, dass sie das Gefühl hat, das wären zu niedrige Aufgaben für sie. Und immer öfter ist sie einfach nicht da, ich meine an ihrem Arbeitsplatz... Keiner weiß, wo sie ist... Und wenn sie wieder auftaucht und man sie fragt, meint sie lapidar, sie würde bei Problemen statt Mails schreiben lieber den direkten Kontakt suchen und die Themen vor Ort klären.

Sie kann nämlich auch anders. Bei einigen Projekten ist sie eher aktiv, macht die Dinge auch einigermaßen gut und gründlich. Sie informiert mich dann auch meist (*lächelt vielsagend*) zu spät, aber generell ist da schon auf sie Verlass. Wobei man natürlich schon mal von außen draufsehen muss, da sie von der Ausbildung her nicht da groß geworden ist. Sie war ja mal Sekretärin und hat sich vieles anscheinend selbst beigebracht. Ich lobe sie dann auch, wenn sie das gut macht.

Aber was mich zunehmend nervt, ist, dass sie die vielen kleinen Alltäglichkeiten nicht auf die Reihe kriegt und ich dauernd wie ein Wachhund nachbeißen muss. In letzter Zeit häufen sich auch Flüchtigkeitsfehler, bei denen ich mich frage, wo sie da gerade wieder ihren Kopf hatte.

Und was mich auch nervt, aber dann bin ich auch fertig: In internen Meetings ist sie die Einzige, die sich immer wieder der ›Handy-aus-Regel‹ widersetzt. Sie tippt dann auf ihrem Smartphone herum und tut ganz busy. Eine Kollegin, die neben ihr saß, meinte, sie habe gesehen, wie sie in Facebook irgendwas schreibt... Also das geht doch nicht, oder?

Passt das so?«

Moderator: »Ja, vielen Dank. Eine wichtige Bitte habe ich noch: Könnten Sie ein zentrales Anliegen formulieren, das Sie mit dem Fall und der heutigen Situation verbinden? Das heißt: Welche Frage haben Sie an uns, in welchem Punkt kann Sie das Team kollegial beratend unterstützen?«

Fallgeberin: »Ja, das ist gar nicht so leicht. Hm... Ich würde mal sagen: Was kann ich tun, damit Sabine M. in Zukunft selbstständiger und zuverlässiger arbeitet?«

Moderator: »Ja, danke, passt. Denn die Schlüsselfrage muss immer zwei Kriterien zwingend erfüllen. Erstens: Das Wort ›ich‹ muss enthalten sein. Und zweitens: Die Frage muss eine positive Zielrichtung haben.

(*Schreibt diesen Satz groß auf ein Flipchart und dreht es zur Gruppe*) So, nun haben Sie die Fallbeschreibung und auch das zentrale Anliegen gehört.

(*Zur Fallgeberin gewandt*) Noch eine große Bitte habe ich an Sie. Könnten Sie die Gesamtsituation, in der Sie sich gerade befinden, visualisieren, also grafisch darstellen? Das muss kein Kunstwerk werden. Vielmehr geht es darum, dass wir uns ein besseres Bild der Zusammenhänge und Strukturen sowie der beteiligten Personen und Prozesse machen können. Skizzieren Sie doch einfach mal mit Kreisen die verschiedenen Systeme und tragen Sie darin die Personen bzw. Abteilungen mit deren Verflechtungen ein.«

Fallgeberin: »Ich weiß nicht genau, was Sie meinen. Können Sie mir das bitte erklären? Ich fühl mich da grad überfordert...«

Moderator: »Klar, gerne, also es geht um Folgendes...«

Daraufhin erklärt der Moderator anhand von Systemgrafiken früherer Fallgeber, was er damit meint. Im Laufe der nächsten fünf Minuten – und der anschließenden Fragerunde – entsteht Stück für Stück folgende Systemgrafik:

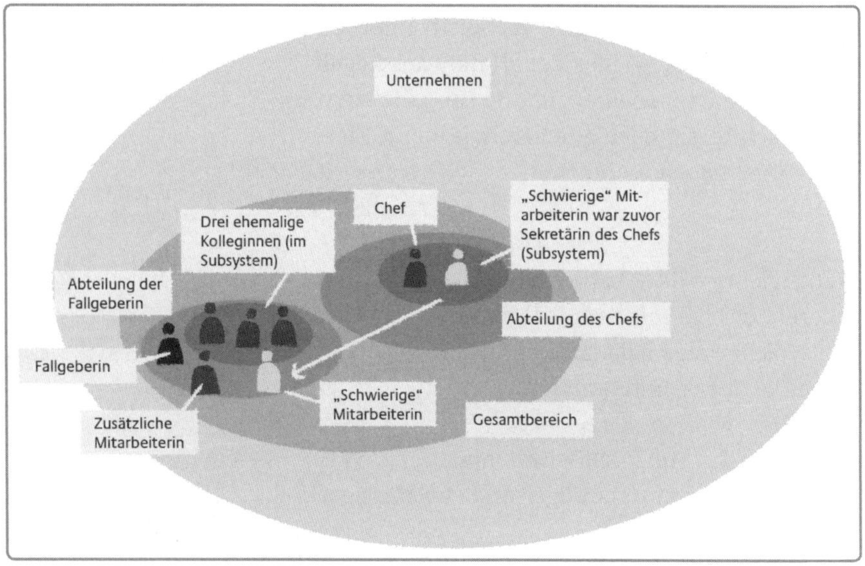

Abb. 13: Fallbesprechung – Aufstellung zu Beginn

Moderator (an die Gruppe gewandt): »So, nun geht es zum nächsten Schritt der kollegialen Beratung: Jeder überlegt für sich, welche Fragen ihm zu dieser Situation einfallen. Bitte blättern Sie in den Unterlagen zurück und rufen Sie sich unsere Gedanken zum Thema »systemische Fragen« ins Gedächtnis. Denken Sie an die Grundregeln: Keine suggestiven Fragen und keine verdeckten Maßnahmen oder Ratschläge! Und nun viel Erfolg. Sie haben zehn Minuten Zeit.«

Nach zehn Minuten bittet der Moderator die Teilnehmer, sich in einen Halbkreis zu setzen. Die Fallgeberin setzt sich mit etwas Abstand dazu. Der Moderator spricht sich kurz mit dem Reflecting Partner ab, der außerhalb des Halbkreises sitzt und die Gruppe gut im Blick hat.

Moderator: »Dann kann die Fragerunde beginnen. Bitte bedenken Sie, dass der Reflecting Partner Sie beobachtet, Ihre Fragen mit notiert und Ihnen zweimal zwischendrin ein Feedback gibt. Insgesamt wird die Fragerunde 20 Minuten dauern. Los geht's!«

Nr.	Frage aus der Runde	Antwort Fallgeberin	Kommentar
1	»Wieso wurde die Organisation umstrukturiert?«	»Die Firma wuchs in den letzten Jahren sehr schnell, von 60 auf nun knapp 100 Mitarbeiter. Früher hatten wir eine sehr flache Hierarchie, nun gibt es viel mehr Ebenen.«	Diese Frage verändert sofort den Kontext: weg von der Fallgeberin hin zur Reorganisation. Sie erscheint an dieser Stelle wenig zielführend. Besser wäre eine Frage, die auf die Fallgeberin fokussiert und dann als Einstieg eine allgemeine Einstellung abfragt, z. B.: ■ »Als wie stark bedrängend erlebst du gerade die Situation?« oder ■ »Was genau nervt dich da?«
2	»Das heißt, der Bereich war zuvor wohl nicht erfolgreich?«	»Ja.«	Eine unergiebige und zudem geschlossene sowie suggestive (»wohl«) Frage. Besser wäre, wenn man denn diesen Strang weiterverfolgen will: ■ »Was waren die Folgen der zu flachen Hierarchie?« oder ■ »Wie hoch war der Leistungsoutput vor der Reorganisation auf einer Skala von 1 bis 10?« ■ »Was war deiner Meinung nach ausschlaggebend für die Reorganisation?« ■ »Wenn ich den Geschäftsführer fragen würde, warum er umorganisiert hat, was würde er mir antworten?« (*zirkuläre Frage*) Interessant wäre zu erfahren, welche Hypothese der Fragende seinen beiden Fragen zugrunde legt.
3	»Kann sie nicht schneller arbeiten oder will sie nicht?«	»Ganz sicher bin ich mir da auch nicht. Aber ich meine eher, sie will nicht, es ist ihr nicht wichtig.«	Die Frage wechselt nun den Schauplatz und bezieht sich auf die »Problemträgerin«. Zugleich wird der Fokus auf ein Detail Ihres Verhaltens, auf das Tempo gelegt. Die Formulierung als bipolare Alternativfrage engt den Spielraum für eine Antwort sehr ein, was an dieser Stelle zu früh ist. Besser wäre die Frage: »Wie schätzt du ■ ... ihr Arbeitstempo generell im Vergleich zu anderen Mitarbeiterinnen ein? ■ ... ihr Arbeitstempo auf einer Skala von 1 bis 10 ein? ■ ... das durchschnittliche Arbeitstempo der Gruppe auf einer Skala von 1 bis 10 ein?«
4	»Woraus schließt du, dass sie nicht will?«	»Daraus, dass sie manchmal bestimmte Aufgaben schnell erledigt. Da kann Sie es ja!«	Eine sehr gute Frage: Sie ist knapp formuliert und offen, hinterfragt eine Aussage und versucht dahinterliegende Annahmen zu eruieren.

Nr.	Frage aus der Runde	Antwort Fallgeberin	Kommentar
5	»Was kennzeichnet die Aufgaben, bei denen sie schnell agiert.«	»Eine gute Frage: Was kennzeichnet die Aufgaben? Hm ... (schweigt lange)«	Eine weitere sehr gute Frage: Sie ist knapp formuliert und offen und vertieft eine vorhergehende Aussage. Interessant ist auch, dass die Fallgeberin die Frage leise vor sich hin wiederholt.
6	»Ist sie mit diesen Aufgaben vielleicht überfordert? Wie du am Anfang beschrieben hast, war sie ja früher Sekretärin. Und bei dir arbeiten, soweit ich das verstanden habe, nur ausgebildete Spezialistinnen.«	»Ja, das kann schon sein, dass sie ein Stück weit überfordert ist. Irgendwie ... Andererseits sind die Aufgaben, die ich ihr gebe, nicht so extrem anspruchsvoll.«	Schade, da hält ein Teilnehmer die Spannung nicht aus und grätscht mit einer erklärenden Quasi-Frage in die Pause. Antwortet die Fallgeberin auf eine Frage nicht prompt, sondern braucht sie für die Beantwortung Zeit, so ist dies ein Indiz dafür, dass eine gute Frage gestellt wurde. Gleichwohl ist die Frage geschlossen formuliert und zu lange. Das Thema »Unterforderung/Überforderung« ist gleichwohl interessant.
7	»Wie qualifiziert ist sie eigentlich im Vergleich zu den anderen Mitarbeiterinnen?«	»Da liegt sie eher im hinteren Mittelfeld. Die eine (Maria) hat BWL studiert, die andere (Claudia) ist Werbekauffrau, eine weitere (Judith) hat ein Hotel geleitet und ist, glaube ich, Hotelfachfrau, und die vierte (Bettina) ist Soziologin und war lange Zeit in einer Werbeagentur tätig, bis sie einen Burnout hatte und zu uns kam.«	Leider wird hier schon wieder das Thema gewechselt, aber zumindest der grobe Rahmen bleibt. Besser: »Wie ist ihre Qualifikation auf einer Skala von 1 bis 10?« oder »Wie ist die durchschnittliche Qualifikation der anderen Mitarbeiter auf einer Skala von 1 bis 10?«
8	»Wenn du die Mitarbeiter hinsichtlich ihrer Ausbildung oder Qualifikation in eine Rangfolge von 1 bis 10 bringen müsstest, wobei 1 der letzte und 10 der erste Rang wäre: Wie sähe die Rangfolge aus?«	»Oje, du willst Sachen wissen. Ich weiß gar nicht, wie ich das sagen soll...« (*denkt nach*) Der Moderator greift ein: »Sie können auch das Flipchart benutzen.« Fallgeberin: »Das ist eine gute Idee.« Sie geht ans Flipchart und trägt ein: Maria 6 Claudia 8 Judith 7 Bettina 5 **Elena 6**	Leider wird hier schon wieder das Thema gewechselt, aber zumindest der grobe Rahmen bleibt. Die Idee mit der skalierenden Frage ist durchaus tragfähig. Offen ist nur, inwieweit die Qualifikation die Richtung zum Verhalten der schwierigen Mitarbeiterin weist. Eine Hypothese könnte sein: Sie liegt von der Ausbildung her im hinteren Bereich und fühlt sich permanent überfordert.

Nr.	Frage aus der Runde	Antwort Fallgeberin	Kommentar
9	»Bitte die Frage nicht falsch verstehen – aber wenn du dich in diese Reihe eintragen müsstest, wo würdest du sich da platzieren? Im Vergleich zu den anderen Mitarbeiterinnen, wie qualifiziert bist du da eigentlich?«	»Nein, nein, das darfst du schon fragen. Habe ich mich eben offen gestanden selbst heimlich gefragt (*grinst vor sich hin*). Also, ich gäbe mir schon eine 11 (*lächelt*). Quatsch, zwischen 9 und 10.«	Eine interessante Frage mit einer spannenden Formulierung: ■ Hypothetisch formuliert im Konjunktiv Man könnte auch fragen: »Und wie schätzt du dich da ein?« Diese Frage würde aber mehr Druck machen und hätte leicht etwas Bewertendes. ■ Der Vorsatz nimmt den Druck aus der Frage. ■ Die Reaktion der Fallgeberin zeigt, dass sie ihr Licht nicht unter den Scheffel stellt, dass sie sich schon für die Beste hält (von der Ausbildung her), dies aber nicht sofort und so deutlich sagen will.
10	»Und dein Chef?«	(*Lacht*) »Mein Chef, oje! Dem würde ich, glaube ich, in dem Bereich eine 100 geben. Nein, Unsinn, der verdient schon eine 10. 10 Plus. Der hat VWL studiert, hat lange in einer Event-Agentur gearbeitet, und seine Frau hat, soweit ich weiß, selbst eine kleine Kommunikationsagentur.«	Über den Informationsgehalt der Frage kann man sich streiten. Interessant sind jedoch der Inhalt und die Form der Antwort: ■ Der Chef wird extrem hoch bewertet. 100 heißt zehnmal das Maximum der Skala! ■ Deutlich wird dabei der große fachliche Respekt vor dem Chef, der in der Beschreibung des Ausgangsfalls nicht sichtbar war. ■ Der Bezug auf seine Frau ist auch interessant. Es scheint so, als wäre die Kompetenz in seinem Leben allgegenwärtig, übermächtig. Schön an der Frage: Sie ist kurz, prägnant und dadurch überraschend. Man hätte sie noch durch eine Skalierungsfrage ergänzen können: »Wenn wir deinen Chef fragen würden, wo er dich auf der Skala sieht: Welche Zahl würde er nennen?«
11	»Wenn ich Elena M. fragen würde, wie sie sich in der Rangfolge einschätzt, was würde sie wohl sagen?«	»Oje, da hab ich mir noch nie Gedanken drüber gemacht. Das kann ich nicht sagen. Da hab ich mir noch keine Gedanken gemacht.«	Eine schöne zirkuläre Frage – vielleicht etwas zu früh, da man zuvor hätte erfragen können, was es bedeutet, wenn der Chef als so überkompetent beurteilt wird, z. B.: ■ »Welchen Zusammenhang gibt es zwischen dem Verhalten der schwierigen Mitarbeiterin und der vermeintlichen Übermacht des Chefs?« ■ »Was glaubst du, hat den Chef veranlasst, es so lange mit Elena M. auszuhalten?« Die Reaktion der Fallgeberin auf die Frage ist interessant. Will oder kann sie darauf nicht näher eingehen?

Nr.	Frage aus der Runde	Antwort Fallgeberin	Kommentar
12	»Und wenn du nun Gedanken lesen könntest, dich quasi in Elena M. hineinbeamen könntest, wie mit einem hoch intelligenten Apparat, den Außerirdische erfunden haben (*lacht*): Was glaubst du, wie es da in ihrem Kopf aussähe?«	»Hoffentlich wird es so einen Apparat nie geben (*lacht*)! Okay, aber dann – lass mich überlegen – also dann glaube ich eher auf einer 7.«	Ein schönes Beispiel für eine gelungene Umformulierung, die sich auf die Ebene »Bilder und Metaphern« begibt, etwas ins Metaphorische geht und der Befragten so die Antwort erleichtert. Interessant an der Antwort ist, dass die selbst vorgenommene und die vermutete Beurteilung nahe beieinanderliegen.

An dieser Stelle wendet sich der Reflecting Partner, nennen wir ihn Peter, mit einer Geste an den Moderator. Dieser stimmt sich nonverbal mit ihm ab und richtet sich dann an die Gruppe: »Ich muss Sie leider unterbrechen, weil ich den Reflecting Partner kurz zu Wort kommen lassen will.«

Peter will gleich loslegen, der Moderator unterbricht ihn und fügt noch hinzu: »Bitte merken Sie sich, wo Sie gerade waren, was Sie noch fragen wollten. Und nun Peter: Was fiel Ihnen auf?«

Peter wendet sich an den Kreis: »Also, ich beginne mit dem Positiven: Gut gefallen hat mir die Vielfalt an systemischen Fragen. Da ist sichtbar geworden, dass ihr das Repertoire schon beherrscht. Manchmal frage ich mich aber, ob es an der Stelle schon nötig war, so komplex zu fragen, oder ob eine einfachere systemische Frage es auch getan hätte. Das seht ihr ja auch daran, dass Katharina manchmal mit ihrer Antwort gezögert hat.

Gut war auch, dass relativ wenig geschlossene und suggestive Fragen kamen. Auffallend war, wie oft ihr durcheinander fragt, einander unterbrecht und den Faden des anderen nicht aufgreift.«

Moderator: »Danke Peter, das war sehr interessant. Also, Sie haben noch 20 Minuten, weiter geht's!«

Nr.	Frage aus der Runde	Antwort Fallgeberin	Kommentar
13	»Was mich mal allgemein interessieren würde: Wie stark belastet dich das Thema generell? Ich meine, beschäftigt dich das den ganzen Tag oder kannst du das abends ablegen, wenn du aus dem Büro gehst?«	»Hm, ja, eigentlich schon sehr. Wobei ich abends natürlich auch abgelenkt bin durch meine beiden Töchter und meinen dementen Vater im Heim, den ich regelmäßig besuche.«	Im Kern eine sehr gute Frage, die längst überfällig war: Die fragende Person versucht herauszufinden, als wie bedrängend die Fallgeberin den Fall erlebt. Die Anschlussfrage ist allerdings überflüssig und gibt der Fallgeberin eine Richtung vor, die sie mit ihrer Antwort prompt einschlägt.
14	»Wie würdest du dich denn als Führungskraft allgemein beschreiben? Kannst du dich gut abgrenzen gegenüber den Belangen des Tages?«	»Also, ich denke, dass ich schon einen kooperativen Führungsstil pflege. Manchmal bin ich vielleicht zu weich.«	Der Fokus dieser Frage ist durchaus interessant, wenn man mögliche Hypothesen durchdenkt. Eine Hypothese könnte sein: Die Fallgeberin nimmt sich generell die Dinge sehr zu Herzen und empfindet jede Spannung gleich als sehr belastend. Gleichwohl weitet die Frage den Führungsgedanken zu sehr aus, statt sich auf die Führungskraft zu konzentrieren. Kritisch auch: nicht zwei Fragen aneinanderreihen!
15	»Zurück zur Belastung. Auf einer Skala von 0 (gar nicht) bis 10 (extrem): Wie stark belastet dich das Thema?«	»Hm, also, das ist gar nicht so einfach, weil es ziemlich schwankt. Hm, also im Schnitt würde ich sagen so um die 8.«	Eine sehr gute Frage: ■ skalierend formuliert ■ klärt subjektives Befinden
16	»Warum schwankt es denn?«	»Weil es von meiner Tagesform abhängt und davon, wie gut ich damit umgehen kann.«	Das Nachfragen ist angebracht, nur die Warum-Frage ist hier nicht zielführend, weil sie latent anklagend bzw. verhörend klingt. Besser ist die nachfolgende Präzisierung (siehe Nr. 17).
17	»Zwischen welchen Werten schwankt es denn?«	»Also, wenn es besser ist, dann so zwischen 4 und 5. Und wenn es richtig schlimm ist, dann so um die 9.«	Eine sehr gute Nachfrage zur Klärung. Nun wird die Belastung quantifiziert.
18	*Die Person fragt nicht weiter, sondern hält die Pause aus.*	*Nach längerem Nachdenken:* »Ja, das schwankt wirklich sehr. Und eigentlich nervt mich das auch so an der Sache, dass ich das so nahe an mich ranlasse und relativ wenig Stabilität habe.«	Eine sehr wichtige Intervention, die Pause auszuhalten und nicht sofort nachzufragen. Die Antwort liefert denn auch weitere Informationen über das Erleben der Fallgeberin.

Nr.	Frage aus der Runde	Antwort Fallgeberin	Kommentar
19	»Wie schaffst du es, die Belastung auf 4 zu kriegen?«	»Ich verstehe die Frage nicht.«	Auch eine sehr gute Frage, die den Fokus auf die Stärken der Fallgeberin lenkt. Vor dem Hintergrund, dass ihre maximale Belastung bei 9 liegt, ist die Schwankungsbreite schon groß. Interessant ist, dass die Fallgeberin die Frage nicht sofort beantwortet. Eine Hypothese wäre, dass sie die Schwankungen rein äußerlich betrachtet und den eigenen Beitrag dabei nicht vor Augen hat. Im Kern ist das eine ressourcenorientierte Frage, die die Leistung der Fallgeberin ins Licht rückt. Besser: »Was könnte dazu beitragen, dass deine Belastung von 8 auf 6 fällt?« Danach: »Was hätte sich in deinem Arbeitsalltag verändert, wenn die Belastung auf 3 sinkt?«
20	»Na, ich meine, was trägst du selbst dazu bei, dass die Belastung zurückgeht?«	»Ach so, hm, das sind Tage, an denen ich durch andere Projekte stark abgelenkt bin. Oder ...«	Eine sehr gute Nachfrage zur Klärung.
21	*Zögert und fragt mit vorsichtiger Stimme nach:* »Du hast gerade ›oder‹ gesagt und dann aufgehört. Was kam dir da in den Sinn, wenn du es sagen magst?«	»Ja, ich habe gerade daran gedacht, wie ich letzte Woche zusammen mit Petra bei einem Akquise-Termin bei der Deutschen Bahn war. Petra hatte mit einem externen Berater unter hohem Zeitdruck ein tolles Konzept erarbeitet, das einige sehr innovative Ideen enthielt. Wir haben dann noch bis spät abends an einzelnen Texten gefeilt und einige sehr kreative Winning-Points gefunden. Beim Kunden kam das sehr gut an, und ich bin mir sicher, dass wir den Pitch gewonnen haben.«	Eine sehr gute Intervention, die sehr viel Aufmerksamkeit und Fingerspitzengefühl von der nachfragenden Person erfordert. Interessant sind folgende Details: ■ Wichtig ist die vorsichtige Stimme, die jeden Verhör-Druck aus der Frage nimmt. ■ Als Basis für die Reflexion dient das Bild »in den Sinn kommen«. Das lässt die Wahl zwischen rationalen und emotionalen Inhalten eher offen. Die alternative Frage »Was hast du da gerade gespürt?« könnte übergriffig, die Frage »Was ging dir da durch den Kopf?« könnte zu rational sein. ■ Das Ende »wenn du es sagen magst« öffnet einen weiten Raum des Wollens oder Nicht-Wollens.

Nr.	Frage aus der Runde	Antwort Fallgeberin	Kommentar
22	»Woran lag es, dass ihr so erfolgreich ward?«	»Das lag daran, dass mir eine solche Arbeit immer wieder sehr viel Spaß macht. Zum einen, weil es einfach mein Metier ist; zum anderen, weil ich merke, wie ich Mitarbeiter motivieren kann und die sich extrem einsetzen für mich – und natürlich auch für den Kunden. Und wie viel Freude es mir macht, etwas Kreatives zu erschaffen, das neue Wege im Veranstaltungsmanagement aufzeigt, Grenzen sprengt und …« (*wird unterbrochen*).	Diese Frage liefert interessante Informationen über die Fallgeberin: Zum einen spürt man zum ersten Mal, über welche Energie sie verfügt und welche Begeisterung sie mit in den Job bringt. Zum anderen wird sichtbar, wie gerne sie gemeinsam mit Mitarbeitern etwas entwickelt. Umso schwieriger muss es für sie sein, dass sich Elena M. ausklingt.

Die letzten sechs Fragen wurden allesamt von einer einzigen Person gestellt. Nun »grätscht« ein anderer Teilnehmer in die Fragerunde und wechselt die Perspektive. Wir vermuten, dass dies primär gruppendynamische Gründe hat. Vielleicht fühlen sich die anderen ins Abseits gestellt, vielleicht denken sie, dass diese Fragen in eine Sackgasse führen. Schade, dass dieser Erzähl- und Erlebnisstrang später nicht mehr aufgegriffen wird.

Insgesamt kann es zielfördernd sein, wenn eine Person mehrere Fragen hintereinander stellt. So bleibt ein Strang erhalten und wird nicht vorschnell unterbrochen. Andererseits können sich andere Berater dadurch ins Abseits gestellt fühlen. Prinzipiell gilt: Die Beratergruppe organisiert sich selbst. Es ist allerdings auch Aufgabe des Moderators, gruppendynamische Effekte in der Gruppe zu beobachten und gegebenenfalls zu intervenieren.

Weitere spannende Fragen wären:

- »Inwieweit hattest du ähnliche Erlebnisse auch mit anderen Mitarbeitern?«
- »Könntest du dir vorstellen, auch mit der ›schwierigen‹ Kollegin eine solche Erfahrung zu machen?« (Auch wenn die Frage geschlossen ist, kann man sie so stellen, weil sie die Beziehung zu Elena M. thematisiert.)
- »Gab es Situationen, in denen du ähnlich positive Erlebnisse auch mit der ›schwierigen‹ Kollegin hattest?«

Nr.	Frage aus der Runde	Antwort Fallgeberin	Kommentar
23	*Ein anderer Fragesteller:* »Was ich schon vorher fragen wollte: Weiß dein Chef, wie sehr dich das belastet?«	»Belastet? Ähm, also … Nein, ich glaub eher nicht. Er hat mich zumindest nicht gefragt.«	Interessant ist, wie die Fallgeberin auf die Frage reagiert: Sie ist noch ganz woanders und kann im ersten Moment nichts damit anfangen. Der Vorspann »Was ich schon vorher fragen wollte …« ist überflüssig. Es ist für den Fortgang der Sache irrelevant, ob eine Person das schon vorher fragen wollte. Fragesteller haben insgesamt die Tendenz, mit ihren Fragen mehr bei sich als bei dem Befragten zu sein.
24	»Ich meine, ob es deinem Chef klar ist, wie sehr dich das Problem mit der Mitarbeiterin belastet?«	»Ach so. Hm, ich glaub eher nicht. Er hat mich zumindest nicht gefragt – und ich fürchte, dass er das auch gar nicht verstehen könnte.«	Eine zirkuläre Frage, da sie auf die vermutete Fremdwahrnehmung des Chefs zielt. Abgesehen von dem abrupten Perspektivwechsel keine schlechte Idee. Optimieren könnte man diese geschlossene Frage mit einer »Inwieweit-Konstruktion«: »Inwieweit ist es deinem Chef klar, dass...« oder »Wenn ich jetzt deinen Chef fragen würde, wie sehr dich das Problem mit der Mitarbeiterin belastet, was würde er mir antworten?«
25	»Warum meinst du, dass er es nicht verstehen kann?«	»Hm, er kam ja gut mit ihr aus. Und soweit ich weiß, gab es da nie Probleme mit ihr.«	Warum-Fragen erzeugen stets einen gewissen Rechtfertigungsdruck, so auch hier – wobei natürlich der Ansatz, nach den Hintergründen zu fragen, sinnvoll ist. Besser wäre eine Formulierung mit reflektierenden Fragewörtern: ■ Woraus schließt du das? ■ Woran machst du das fest?
26	*Ein anderer Fragesteller:* »Was würde es aus deiner Sicht ändern, wenn es ihm klar wäre?«	*Denkt lange nach:* »Also, ich denke, es würde mich ein Stück weit belasten, weil es ihm wichtig ist, dass in seinem Bereich alles perfekt läuft, und er alle Personalprobleme verdrängt. *(Denkt nach)* Und entlasten könnte es mich auch, zumindest theoretisch, da er sie ja kennt und mir eventuell Tipps geben könnte.«	Das lange Nachdenken der Fallgeberin zeigt die Qualität der Frage an. Gut auch, dass die fragende Person ihr genug Zeit lässt. Nun gibt es vielfältige Ansätze weiterzufragen, z. B. mit Fokus auf den ersten Teil der Frage: ■ »Und wie verhält er sich, wenn er belastet ist?« ■ »Was macht es mit dir, wenn er belastet wird?« ■ »Inwieweit hält dich das davon ab, den Konflikt mit der Mitarbeiterin stringent zu klären?« Oder mit Fokus auf den zweiten Teil der Frage: ■ »Woran lag es aus seiner Sicht, dass er so gut mit ihr auskam?« ■ »Was vermutest du, welche konkreten Tipps er dir geben würde?«

An dieser Stelle meldet sich der Reflecting Partner wieder zu Wort: »Die Vielfalt der Fragen ist nach wie vor sehr gut. Besonders gefallen hat mir, dass nun auch nach weiteren Personen gefragt wird, insbesondere nach dem Chef. Was in diesem Zusammenhang auffällt: Ihr habt wenig zum Team an sich gefragt.

Insgesamt seid ihr alle sehr rücksichtsvoll. An der einen oder anderen Stelle könntet ihr auch mal etwas nachdrücklicher fragen. Und was mir noch auffällt: Zwei von euch halten sich sehr zurück. Klaus und Vivien, ihr habt fast noch gar nicht gefragt.«

Moderator: »Danke Peter. (*Zu den anderen*) Sie haben nun noch fünf Minuten Zeit. Ich gebe Ihnen ein Zeichen, wenn Sie zum Ende kommen sollen.«

Nr.	Frage aus der Runde	Antwort Fallgeberin	Kommentar
27	*Ein anderer Fragesteller:* »Und was glaubst du, wie deine anderen Mitarbeiter das sehen?«	»Die bekommen das natürlich auch mit, aber auf der Oberfläche gab es bislang noch keine Probleme. Das puffere ich, soweit es geht, ab.«	Eine spannende Frage, nur wechselt sie wieder das Thema und fokussiert einen anderen Gesichtspunkt – die Sicht der Mitarbeiter.
28	»Was meinst du mit abpuffern?«	»Hm, dass ich die Dinge schnell noch selbst korrigiere bzw. das im Team nicht groß thematisiere.«	Eine schöne semantische Frage, welche die subjektive Bedeutung des Begriffs für die Fallgeberin klärt. Zudem ist sie offen und knapp formuliert.
29	»Was geschähe denn, wenn du es nicht mehr verheimlichen würdest?«	»Ich denke, da könnte etwas Unfrieden im Team entstehen, und den kann ich im Moment wirklich nicht gebrauchen.«	Eine interessante Frage: ■ Sie greift die letzte Aussage auf, ■ schafft einen hypothetischen Raum, ■ spitzt die Aussage »nicht thematisieren« zu und macht »verheimlichen« daraus.
30	*Ein anderer Fragesteller:* »Im Moment?«	»Ja, weil wir an einer großen Ausschreibung teilnehmen und eine Kollegin sehr dünnhäutig ist – wegen privater Belastungen. Und eine andere Kollegin wird bald in Mutterschutz gehen.«	Eine gute schnelle Frage, auch wenn sie geschlossen formuliert ist: ■ Sie greift die letzte Aussage auf, ■ spitzt zu, ■ ist knapp und ■ macht etwas Druck. Interessant: Auf einmal ergeben sich neue Perspektiven auf das Team und die dort herrschende Situation. Es deuten sich in absehbarer Zukunft personelle Veränderungen an.

Nr.	Frage aus der Runde	Antwort Fallgeberin	Kommentar
31	*Ein anderer Fragesteller:* »Wie würdest du denn eigentlich deine Mitarbeiterinnen so als Typ beschreiben?«	»Was meinst du mit ›so als Typ‹? Die sind alle verschieden – und doch irgendwie ähnlich... Ich war vor kurzem auf einem Führungsseminar, da wurde uns so eine Rot-Grün-Gelb-Blau-Typologie vorgestellt. Ich lehne das ab.«	Eine interessante Frage, weil sie den Fokus noch mehr auf das Team lenkt und die Dynamik, die das Team auf die Fallgeberin ausübt.
32	*Ein anderer Fragesteller:* »Anders gefragt – und schau mal, wie es dir damit geht: Wenn du dir dein Team als bunten Obstteller mit verschiedenen Früchten vorstellst, wie sähe denn der so aus?«	»Hm, das finde ich auch seltsam, aber etwas angenehmer. Also, lass mich kurz überlegen: Maria: Erdbeere Claudia: Himbeere Judith: Nuss Bettina: Banane Elena: Ananas Ich: Apfel«	Interessant ist die Umformulierung der Frage: Der Fragesteller bedient sich einer Metapher mit Früchten und nimmt dadurch etwas Spannung aus der Situation. Interessant an der Antwort ist die Verschiedenartigkeit der Früchte und die »exotische« Einordnung von Elena M.

Der Moderator mischt sich ein: »So, bitte langsam zum Ende kommen. Die letzten Fragen noch!«

Nr.	Frage aus der Runde	Antwort Fallgeberin	Kommentar
33	*Ein anderer Fragesteller:* »Was hat denn die Elena M. so Exotisches an sich?«	»Hm, zum einen ist sie eine wirkliche auffallende Frau: Ihr Vater kam aus Kolumbien und ihre Mutter ist aus Sizilien. Zum anderen ist sie schon ein besonderes ›Früchtchen‹, das gerne im Mittelpunkt steht und immer eine Sonderrolle haben will. Andererseits kann sie, wenn sie will, alle um den Finger wickeln und sehr gewinnend sein. Zum Teil polarisiert sie da auch bei den Männern und Frauen in ihrer Umgebung – irgendwo zwischen Neid und besonderer Rücksicht.«	Mit dieser Frage kommt ein völlig neuer Aspekt in die Situation: die Person der »schwierigen« Mitarbeiterin. Ihre verschiedenen Facetten werden deutlich.
34	*Ein anderer Fragesteller:* »Und was löst sie in dieser Beziehung bei dir aus?«	»Gute Frage, mal so, mal so. Ich bin da ein ganz anderer Typ, eher bodenständig. Und für mich wäre das nichts, dauernd so im Rampenlicht zu stehen.«	Eine sehr interessante Frage, weil sie die Beziehung der Fallgeberin zur »schwierigen« Mitarbeiterin auf einer sehr persönlichen biografischen Ebene thematisiert.

Der Moderator beendet die Fragerunde.

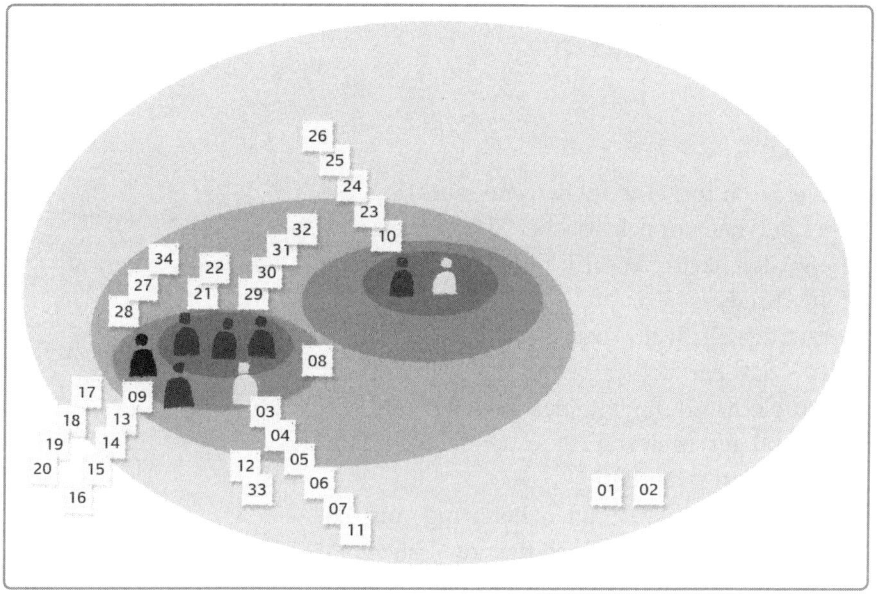

Abb. 14: Fallbesprechung – Zuordnung der Beispielfragen

In der Grafik sehen Sie als weiße Kästchen alle Fragen, die während der kollegialen Beratung gestellt wurden, geordnet nach den entsprechenden Nummern.

Interessant ist Folgendes:

- Die Fragen verteilen sich – nach den Interventionen des Reflecting Partner – sehr gut auf alle Beteiligten.
- Nicht thematisiert wurde die Zeit, in der die »schwierige« Mitarbeiterin beim Chef gearbeitet hat.

Bei erfahrenen Reflecting Partners empfehlen wir generell die Anfertigung einer solchen Systemgrafik, die dann im Zuge der Frage-Reflexion analysiert und ausgewertet werden kann.

6. Ausblick und Zusammenfassung

Fragen erfüllen in der kollegialen Beratung eine mehrfache Funktion. Sie unterstützen Führungskräfte bei der Reflexion kritischer Situationen und eigener Handlungsmöglichkeiten. Gleichzeitig »perturbieren« sie das beratende Team in seiner Sicht auf die Dinge.

Mit Fragen an Probleme heranzugehen löst etwas Neues aus. Es fokussiert den Frageprozess und hilft – das hat sich in unseren Seminaren oft gezeigt –, die Situation und die Problemstellung komplexer, weiter und vernetzter zu betrachten. Wie eingehend geschildert, fällt es den meisten Führungskräften schwer, einfach nur Fragen zu stellen.

Wesentlich ist, den Frageprozess in der Kollegialen Beratung vom Lösungsprozess zu entkoppeln. Es zeigt sich immer wieder, dass die Fragenden oder Beratenden schnell eine Lösung im Kopf haben, die sie dem Fallgeber prompt präsentieren – oder noch schlimmer: die sie mit suggestiven Fragen aus ihm hervorlocken wollen.

Fragen verändern!

Es verändert hingegen die Sicht auf eine Situation entscheidend, wenn man erst einmal mit Fragen versucht, die Dinge und deren Zusammenhänge besser zu verstehen, bevor man auf Lösungssuche geht. Allein schon dieser Schritt ist wesentlich. In unseren Seminaren machen wir seit vielen Jahren immer wieder die Erfahrung, dass das Thema »systemisches Fragen« für Fach- und Führungskräfte noch weitgehend Neuland ist. Bei vielen Hundert Teilnehmerinnen und Teilnehmern konnte nicht ein einziges Mal (!) auf die Frage: »Hat schon einmal jemand von Ihnen etwas von systemischem Fragen gehört oder kann jemand damit etwas anfangen?« mit Ja geantwortet werden.

»Nur« Fragen stellen gelingt selten

Unabhängig von systemischem Fragen gelingt es nur einem verschwindend kleinen Teil (geschätzt: 5 Prozent!) der Seminarteilnehmer, in der dafür vorgesehenen Sequenz (Fragerunde) überhaupt Fragen zu stellen, die frei von Bewertungen, von einem langen Vorspann oder von verdeckten Lösungen sind. Erstaunlich auch deshalb, weil sie zuvor explizit vom Moderator aufgefordert werden, nur Fragen zu stellen, und vorab auch über die häufigsten »Fragefehler« informiert werden. Allzu oft bauen die Berater schon

Lösungen, eigene Sichtweisen oder Wertungen in die Frage ein. Unser Fazit: Die Kompetenz, einfach nur Fragen zu stellen, hat noch viel Luft nach oben!

6.1 Was macht die kollegiale Beratung zu einem erfolgreichen Modell?

Kollegiale Beratung ist ein Instrument, das durch seinen Erfolg besticht. Teilnehmer zeigen sich immer wieder verblüfft darüber, dass ihnen in kürzester Zeit praktikable Antworten für Problemstellungen eröffnet werden, die zum Teil seit Langem bestehen.

Was sind die Gründe dafür, dass diese Lernform offensichtlich ertragreicher ist als klassische Fortbildungsformate wie Seminare, in denen externe Experten eine Wissensvermittlung und Qualifizierung anbieten? Die zentralen Vorteile:

Die richtigen Fragen stellen

Als Berater lernt man, gute und systemische Fragen zu stellen, die den Fallgeber zu einer neuen Problemwahrnehmung führen können. Zirkuläre Fragen zwingen beispielsweise den Fallgeber, die Sichtweisen Dritter stärker in seine Wahrnehmung einzubeziehen (»Wie würden Ihre Mitarbeiter das Problem beschreiben?«). Skalierungsfragen helfen, Verallgemeinerungen (»Bei uns ist schlechte Stimmung«) aufzulösen und Differenzierungen einzuführen (durch Fragen wie »Wie beurteilen Sie die Stimmung in Ihrem Team auf einer Skala von 1 bis 10?«).

Worauf es ankommt

Fragekompetenz für Führungskräfte ist ein recht neues Thema, das aber zunehmend Einzug in Fortbildungskataloge hält. In kollegialen Beratungen kann diese Kompetenz gleich praxisnah eingeübt werden. Führungskräfte erleben authentisch und ganz konkret die oft verblüffende Wirkung kluger Fragen.

Zuhören

In allen Phasen der kollegialen Beratung lernen also auch die »Berater«. Wir stellen immer wieder fest, wie groß insbesondere für Führungskräfte in der Beraterrolle die Herausforderung ist, in der Phase »Schilderung des Anliegens« erst einmal nur zuzuhören und sich jeglicher Kommentare und Bewertungen (auch nonverbaler Natur!) zu enthalten. Wirklich zuzuhören und sich unvoreingenommen in die Lage anderer zu versetzen ist für viele Führungskräfte eine Kompetenz mit hohem Entwicklungspotenzial. Die kollegiale Beratung hilft dabei.

Hören wir wirklich zu?

Praktische Verwertbarkeit steht im Vordergrund

Kollegiale Beratungen erzeugen immer neue Handlungsoptionen. Und genau hier besteht der entscheidende Unterschied zum klassischen Seminar: Die Teilnehmer verlassen eine klassische Fortbildung zwar oft mit neuen Erkenntnissen, aber eher selten mit handlungsleitenden Ideen für ihren Arbeitskontext.

Hoher Nutzwert

Kollegiale Beratungen verhelfen hingegen zu einem Bündel neuer, ganz konkreter Lösungsoptionen – wobei es nicht auf die Quantität von Lösungsvorschlägen ankommt. Wir haben erlebt, dass ein Projektleiter sich beim Beraterkreis für die 20 neuen Lösungsmöglichkeiten bedankte, um daraufhin mitzuteilen, dass er 19 davon erst einmal auf die Seite legen werde. »Auf die eine verbliebene und für mich entscheidende Lösung bin ich aber ein ganzes Jahr lang selbst nicht gekommen. Doch genau das ist es, was mir hilft, und diesen Weg werde ich jetzt verfolgen!«

Wissen konkret teilen

Sinn und Zweck der kollegialen Beratung ist zuallererst, für einen Fallgeber neue und bislang noch nicht erkannte Handlungsmöglichkeiten für aktuelle oder auch seit Langem bestehende Probleme zu erarbeiten. Über diesen unmittelbaren Nutzen hinaus hat die kollegiale Beratung einen großen Zusatznutzen – und zwar für alle Beteiligten.

So nehmen auch die Teilnehmer, die die Beraterrolle einnehmen, in der Regel viel für sich mit, etwa indem sie Analogien zu eigenen Themen erkennen. Kollegiale Beratung ist nicht nur die einseitige Beratung eines Kollegen durch andere Kollegen. Sie ist vielmehr ein wechselseitiger Lernprozess, eine klassische Win-win-Situation für alle Beteiligten. Seien wir ehrlich: Das Teilen von Wissen wird zwar überall gefordert, aber selten praktiziert. Kollegiale Beratung lebt und stirbt mit der Bereitschaft aller Beteiligten, ihr Wissen zu teilen und Dritte von eigenen Erfahrungen und Ideen profitieren zu lassen. Kollegiale Beratung mit systemischen Fragen ist deshalb gelebtes Wissensmanagement.

Die gesamte Gruppe profitiert

Neue Perspektiven gewinnen

Die größten Lerneffekte in kollegialen Beratungen entstehen in der Phase »Hypothesenbildung der Berater«. Es ist für einen Fallgeber eine vollkommen neue und bis dahin in der Regel unbekannte Situation, Dritte über das eigene Thema diskutieren zu hören, ohne selbst involviert zu sein – und vor allem: ohne in diesen Diskussionsprozess eingreifen zu können.

Gerade in dieser Phase entstehen oft Aha-Effekte, da die Berater neue Aspekte und Betrachtungsweisen ins Spiel bringen, auf die man selbst bislang nicht gekommen ist. Und selbst wenn das nicht der Fall ist, macht es einen fundamentalen Unterschied, ob man sich über solche Vermutungen alleine den Kopf zerbricht oder aber Dritten dabei zuhört, wenn sie ähnliche oder deckungsgleiche Vermutungen äußern und diskutieren.

Selbstreflexion lernen

Neue Sichtweisen sind vorprogrammiert. In einer kollegialen Beratung stand eine Führungskraft fassungslos vor einem Flipchart, auf dem etwa fünfzehn Hypothesen der Berater visualisiert waren: »Ich kann es kaum glauben, all diese Hypothesen treffen zu, und nicht eine einzige war mir vorher klar!«

Neue Sichtweisen

Solche Perspektivwechsel möglich zu machen, neue Sichtweisen durch eine vorgegebene (Beratungs-)Struktur quasi zu erzwingen, darin liegt die ganz große Stärke der kollegialen Beratung. Alle Beteiligten lernen und erfahren ganz konkret, dass es nicht die eine und einzige »Wirklichkeit« gibt, sondern dass Wirklichkeiten immer aus individuell geprägten Sichtweisen und Deutungsmustern entstehen. So steigt bei allen Beteiligten die Kompetenz zur kritischen Selbstreflexion.

6.2 Ergebnisse der Lernforschung

Aus der Lernforschung wissen wir: Erfolgreiches Lernen sollte in relevanten Lebenssituationen verankert sein. »Lernen auf Vorrat« ist weniger effizient als das Lernen in einer Situation, die der Lernende selbst als bedeutsam definiert. Der Vorteil der kollegialen Beratung: Ausgangspunkt ist immer die Problemsituation eines Fallgebers, auf die sich alle im Anschluss entwickelten Lösungsoptionen beziehen.

- *Lernen ist ein aktiver Prozess*
  Aus der Lernforschung wissen wir ebenso, dass das Engagement des Lernenden ein entscheidender Erfolgsfaktor ist. Wer sich im klassischen Seminar bequem zurücklehnt, lernt wenig. Und auch hier punktet die kollegiale Beratung, denn sie ist das exakte Gegenteil von »Wissenskonsum«. Sie ist vielmehr ohne die Aktivität aller Beteiligten gar nicht machbar. Neues Wissen und neue Kompetenzen können in der kollegialen Beratung nur durch die selbstständige Beteiligung des Lernenden generiert werden.

Berater müssen voll bei der Sache sein

- *Lernen ist ein emotionaler Prozess*
  Mit Gefühlen lernt man besser. Insbesondere aus neueren Erkenntnissen der Hirnforschung wissen wir, dass nachhaltiges Lernen positiver Gefühle bedarf. Auch in der kollegialen Beratung können neues Wissen und neue Handlungsoptionen nur entstehen, wenn der Fallgeber emotional involviert ist. Nachhaltiges Lernen ist ohne Gefühl nicht möglich. Genau hier kann die kollegiale Beratung ihre Stärken ausspielen. Denn der Lernanlass ist in der Regel eine unbefriedigende Situation im Berufsleben, die man überwinden möchte.

- *Lernen ist ein selbstorganisierter Prozess*
  Heute weiß man: Je höher der Grad der Selbstorganisation eines Lernprozesses, desto nachhaltiger der Lernerfolg. Auch hier punktet die

Selbstwirksamkeit

kollegiale Beratung. Die gesamte Beratungssequenz ist ein Prozess der Selbstorganisation, der zu einem Ergebnis führt, das sowohl Berater und Fallgeber als auch der Moderator ohne fremde Hilfe erreicht haben. Dies ist nach den Befunden der Lernforschung ein nicht zu unterschätzender Aspekt. Für nachhaltiges Lernen ist es von entscheidender Bedeutung, dass die Lernenden die erreichten Ergebnisse eigenen Bemühungen zuschreiben können.

- *Lernen ist ein sozialer Prozess*
  Wissenserwerb ist sehr erfolgreich, wenn er in Austauschprozessen mit anderen Lernern stattfindet. In der kollegialen Beratung sind Kommunikation und gemeinsame Reflexion, z. B. die Reflexion des Fallgebers über die von den Beratern aufgestellten Hypothesen, die Basis des Erfolgs. Die für erfolgreiches Lernen bedeutsamen Austauschprozesse sind geradezu der Wesenskern der kollegialen Beratung.

Gruppenarbeit und Diskurs

6.3 Kompetenzentwicklung durch kollegiale Beratung

In kollegialen Beratungen wird nicht nur neues Wissen in Form von neuen Handlungsoptionen für ein bestehendes Problem generiert. Darüber hinaus entwickeln alle Beteiligten neue Kompetenzen oder erweitern bereits bestehende. Um welche Kompetenzen handelt es sich?

Reflexionskompetenz

Die Fähigkeit zu Reflexion ist die vielleicht entscheidende Kompetenz, die im Prozess der kollegialen Beratung bei allen Beteiligten geschult und entwickelt wird. Reflexion in diesem Sinne heißt, »die eigenen Deutungen und das eigene Verhalten von einem anderen Standpunkt aus betrachten und kritisch hinterfragen zu können« (Tietze 2003, S. 21).

Reflexion durch systemische Fragen

Reflexionskompetenz wird in kollegialen Beratungen insbesondere durch den gezielten und systematischen Einsatz systemischer Fragen gestärkt. Denn diese führen dazu, dass Führungskräfte ihr eigenes Verhalten und ihre bisherigen Strategien in einem neuen Licht sehen.

Neben der Reflexionskompetenz fördert die kollegiale Beratung den Erwerb und Ausbau bestimmter Schlüsselkompetenzen von Führungskräften und Mitarbeitern.

Soziale Kompetenzen

Die Teilnehmer einer kollegialen Beratung schulen sowohl kommunikative Fähigkeiten wie Aktives Zuhören und Teamfähigkeit als auch eine insgesamt auf Empathie ausgerichtete persönliche Grundhaltung. Diese äußert sich z. B. darin, dass sich die Berater in die Lage eines Fallgebers hineinversetzen müssen, um ein tiefergehendes Verständnis von dessen individueller Problemlage zu erhalten.

Beratungskompetenzen

Beraten durch Fragen

Beratungskompetenzen werden z. B. gestärkt durch die unabdingbare Beobachtungs- und Analysefähigkeit der Berater sowie durch den konsequent auf ein konkretes Ziel hin ausgerichteten Beratungsprozess. Die Berater lernen, dass (systemisches) Fragen und Interventionen mithilfe von Hypothesen äußerst wirksame Beratungsinstrumente sind.

Methodenkompetenzen

Probleme strukturieren

Hierzu zählen die Fähigkeiten zu einer effektiven Moderation, zur strukturierten Gesprächsführung, zur Berücksichtigung unterschiedlicher Perspektiven bei der Lösungsfindung und nicht zuletzt zur grundsätzlichen Trennung von Problembeschreibung, fragegeleitete Problemanalyse und Lösungsfindung bei bestehenden Herausforderungen.

Auch »Berater« profitieren von der kollegialen Beratung in vielfacher Hinsicht. Insgesamt kann nach einer kollegialen Beratung nicht nur von einem größeren Handlungsspielraum des Beratenen, sondern auch von erheblich erweiterten Kompetenzen der Berater ausgegangen werden, beispielsweise dadurch, dass diese bei der Bearbeitung von Problemstellungen des Fallgebers oft Bezüge und Parallelen für ihren eigenen beruflichen Kontext entdecken und infolgedessen neue Handlungsmöglichkeiten für ähnliche Probleme finden.

6.4 Systemisches Denken und Handeln ist gefragt

Kollegiale Beratung ist eine Antwort auf die zunehmende Komplexität beruflicher Herausforderungen. Sie stärkt die Kompetenz des Einzelnen und von Gruppen, in komplexen Zusammenhängen zu denken und zu agieren.

Experten gehen davon aus, dass Menschen 80 Prozent ihrer Alltags- und beruflichen Kompetenzen unabhängig von Bildungsinstitutionen und formalen Lernprozessen erwerben. Implizites Wissen wird durch informelles Lernen erworben. In einer Untersuchung zu den bevorzugten und praktizierten Lernquellen im jeweiligen Unternehmen nannten lediglich 15 Prozent der Befragten »Schulungen des Arbeitgebers« (= formelles Lernen), fast doppelt so hoch (28 Prozent) fiel das »Lernen von Kollegen« aus, und der Spitzenreiter war mit 44 Prozent das »Lernen durch selbständige Bemühungen« (Erpenbeck/Sauter 2007, S. 172).

Gelebtes Wissensmanagement

Viele weitere Untersuchungen haben ergeben, dass Unternehmen in der Regel »nicht wissen, was sie wissen«. Das »Management von Wissen« muss deshalb auf einen besseren Zugang zum großen Schatz des impliziten Wissens von Mitarbeitern und Führungskräften abzielen.

6.5 Kollegiale Beratung hebt Wissensschätze in Unternehmen

Da Unternehmen nicht wissen, was sie wissen, wird Wissensaustausch zu einer zentralen Aufgabe zukünftiger Unternehmensstrategien. Diese Aufgabe kann durch kollegiale Beratung, deren Grundprinzip auf Wissens- und Erfahrungsaustausch beruht, gefördert werden.

Organisationen, die die großen Chancen und Möglichkeiten der kollegialen Beratung erkannt haben, tun gut daran, den Boden zu bereiten, auf dem die zunächst vielleicht kleine Pflanze wachsen kann. Kuhlmann und Sauter (2008) warnen andererseits vor übersteigerten oder unrealistischen Erwartungen, die an die Einführung neuer Lernformen geknüpft werden. Die Mitarbeiter seien in der Regel formelle Lernprozesse mit einer traditionellen

Neue Lernerfahrung für Mitarbeiter

Methodik gewohnt. Und in Unternehmenskulturen, die durch starke Hierarchisierung und geringe Eigenverantwortung geprägt seien, könne eine Lernkultur, die auf Selbstverantwortung und Aktivität der Lerner setze, nur langsam umgesetzt werden.

Neue Lernformen brauchen Zeit und Raum

Es wird also ein langer Weg sein hin zu einer neuen Lernkultur. Auch die Praxis der kollegialen Beratung zeigt, dass das Bemühen um Akzeptanz für neue Lernformen nicht unterschätzt werden darf. Im Gegensatz zum Coaching ist kollegiale Beratung noch weit davon entfernt, sich zu einem Selbstläufer der Personalentwicklung zu entwickeln. Wo sie nicht intensiv beworben wird, hält sich die Nachfrage (noch) in Grenzen. Dort aber, wo das Instrument professionell eingesetzt wird, sind Mitarbeiter, Führungskräfte und Personalverantwortliche in aller Regel begeistert ob der durchschlagenden Wirksamkeit. Langfristig kann also durchaus auf den Multiplikatoreneffekt gesetzt werden.

6.6 Implementierung der kollegialen Beratung in Unternehmen

Es gibt für Unternehmen und Organisationen zwei Möglichkeiten, kollegiale Beratung zu implementieren:

Angebote nutzen!

- Mitarbeiter und Führungskräfte aus Unternehmen, die sich für das Instrument interessieren und ausloten möchten, ob sie damit zielführend arbeiten können, nutzen die einschlägigen Fortbildungsangebote von Bildungsträgern. Das heißt, interessierte Mitarbeiter lernen in meist zweitägigen Seminaren gemeinsam mit Mitarbeitern aus anderen Unternehmen das Modell kennen und wenden es in der Folge in den jeweiligen Arbeitskontexten ihrer Organisation an. Voraussetzung für die anschließende Anwendung ist freilich, dass die geschulten Mitarbeiter ihre neu erworbene Kompetenz an Kollegen weitergeben. Denn alle Beteiligten müssen über zumindest minimale Grundkompetenzen verfügen, um auf dieser Basis arbeiten zu können.
- Unternehmen oder Personalverantwortliche sind bereits von der Methode »Kollegiale Beratung« überzeugt und möchten nun ihre Führungskräfte dazu ermuntern, verstärkt mit dem Instrument zu arbeiten. Auch hierzu ist es notwendig, die Zielgruppe, in der Regel Führungskräfte, erst einmal in der Anwendung der Methode zu schulen.

Praxisbeispiel (so durchgeführt in einem mittelgroßen Unternehmen)

Ein Unternehmen mittlerer Größe verfolgt das Ziel, zur Lösung von Führungs- oder sonstigen Problemen zukünftig verstärkt auf kollegiale Beratung zu setzen. Bislang ist das Instrument den Führungskräften des Unternehmens weitgehend unbekannt. Wie geht dieses Unternehmen vor?

Schritt 1: Informationsveranstaltung

Das Unternehmen bucht einen externen Trainer, der es in dem Prozess begleiten soll. Als erster Schritt wird eine Informationsveranstaltung für alle Führungskräfte angeboten, und zwar zwei hintereinandergeschaltete Staffeln, damit die Veranstaltungen nicht zu groß werden.

Alle interessierten Führungskräfte des Unternehmens sind zu einer der jeweils zweistündigen Veranstaltungen eingeladen. Zur Teilnahme besteht kein Zwang. Allerdings macht das Unternehmen alleine durch die Tatsache, dass der stellvertretende Geschäftsführer bei diesen Veranstaltungen zugegen ist und jeweils die Eröffnungsworte spricht, deutlich, wie wichtig ihm eine zukunftsweisende Personalentwicklung und das hierfür notwendige Engagement der Führungskräfte sind.

In der Veranstaltung führt der Trainer in das Modell ein und erläutert sowohl die Hintergründe als auch die Phasen der Kollegialen Beratung. Integriert ist ein Kurzinput zum Thema »Systemisches Fragen«. Ein Teilnehmer der Veranstaltung wird dazu bewegt, einen ersten kleinen Fall einzubringen. Sodann finden sich vier bis fünf »Berater«, sodass das Modell in einem ersten kleinen »Appetizer« praktisch durchgespielt werden kann (Dauer ca. 40 Minuten). Anschließend besteht die Möglichkeit, Fragen an den Trainer zu stellen.

Zum Ende der Veranstaltung tragen sich alle Führungskräfte (es sind ungefähr die Hälfte der Anwesenden), die Interesse an der Arbeit mit diesem Format haben, in eine vorbereitete Liste ein.

Schritt 2: Vertiefungsseminar

Nach den ersten beiden Einführungsveranstaltungen werden aus den Interessenten vier Gruppen gebildet, die jeweils an einem eintägigen Vertiefungsseminar teilnehmen. In diesen Vertiefungsseminaren wird die kollegiale Beratung anhand authentischer Fragestellungen der Teilnehmer intensiv eingeübt. Am Ende dieses Seminartages bekunden alle Beteiligten, nunmehr – wie von dem Unternehmen gewünscht – mit dem Instrument »Kollegiale Beratung« in Eigenregie weiterarbeiten zu wollen. Allerdings bekunden sie ebenso einhellig, für die entscheidende Rolle der Moderation noch Schulungsbedarf zu haben.

Schritt 3: Schwerpunkt Moderation

Moderation muss geschult werden

Im Unternehmen finden daraufhin halbtägige Seminare für die Gruppen statt, in denen vor allem die Rolle der Moderation vertiefend geschult wird. Das heißt, zwei weitere Praxisfälle werden unter Anleitung des Trainers von denjenigen Führungskräften moderiert, die auch bei den geplanten ersten Beratungsprozessen in Eigenregie die Rolle der Moderation übernehmen wollten.

Am Ende des Seminars legen die Teilnehmer einen ersten Termin fest, an dem die kollegiale Beratungsrunde in Eigenregie starten soll.

Schritt 4: Treffen in Eigenregie

Die Gruppen treffen sich in Eigenregie und führen in regelmäßigen Abständen kollegiale Beratungen zu Themen durch, die von den Teilnehmern selbst eingebracht werden. Es ist geplant, dass alle Beteiligten gemeinsam mit der Personalabteilung nach etwa einem Jahr die Implementierung der kollegialen Beratung im Unternehmen auswerten.

Rahmenbedingungen

Eine Unternehmensleitung, die das Instrument propagiert, und Führungskräfte, die mit gutem Beispiel vorangehen und sich kollegial beraten, sind eine entscheidende Voraussetzung dafür, dass kollegiale Beratung innerbetrieblich greift und Akzeptanz findet. Unabdingbar ist darüber hinaus, Mitarbeitern Ressourcen wie Zeit, Raum und Arbeitsmittel für kollegiale Beratungsprozesse zur Verfügung zu stellen.

Verantwortung der Unternehmen

Unternehmen, die die Notwendigkeit einer neuen Lernkultur erkannt haben und neuen Lernformen wie kollegialer Beratung und systemischem Fragen zum Durchbruch verhelfen möchten, kommen nicht umhin, entsprechende Rahmenbedingungen zu schaffen, in denen sich neues Lernen und Kompetenzentwicklung entfalten können. Es sollte z. B. selbstverständlich sein, dass kollegiale Beratungen in den Dienstzeiten der Beteiligten stattfinden.

Grundlegende Voraussetzung für die Implementierung kollegialer Beratung in Organisationen ist zunächst, dass in der Anfangsphase zumindest eine Kerngruppe von Teilnehmern den Ablaufprozess und die den einzelnen Phasen jeweils innewohnenden »Gesetzmäßigkeiten« kennt und beherrscht. Diese Fähigkeit kann, wie im Beispiel beschrieben, in einer ein- bis zweitägigen Grundqualifizierung durch externe Experten geschult werden. Die Erfahrung zeigt, dass die »kollegiale Beratungskompetenz« mit jeder weiteren Beratung ansteigt, sodass aus ehemaligen Beratungslaien innerhalb kürzester Zeit professionelle (kollegiale) Berater werden.

Methodenkompetenz

In einem zweiten Schritt ist es dann möglich, ein oder mehrere konstante Beratungsteams zu bestimmen, die sich allerdings durch eine grundsätzliche Offenheit für neue Mitglieder auszeichnen sollten. Schmid, Veith und Weidner (2010) weisen darauf hin, dass vor allem in der Einführungsphase regelmäßige Treffen in möglichst kurzen Zeitabständen organisiert werden sollten.

6.7 Führen und Fragen: Ein Zukunftsthema für Personalentwicklung und Fortbildung

Personalentwicklung und Fortbildung sind seit einigen Jahren als strategische Themen in den Vorstandsetagen von Firmen und öffentlichen Verwaltungen angekommen. Investitionen in die permanente Fortbildung und Qualifizierung des Personals sind nicht länger Nischenprodukte oder Nice-to-haves, sondern werden als unabdingbare Notwendigkeit erkannt. In vielen Organisationen stehen sie auf der Agenda sogar ganz oben. Dies ist zu begrüßen. Denn ohne verstärkte Anstrengungen in diesen Handlungsfeldern würden Organisationen langfristig Probleme bekommen. Nur die Bereitschaft zu ständigem Lernen sichert die Substanz von Unternehmen.

Voneinander lernen

Organisationen, die sich nicht als »lernende Organisation« definieren, sind langfristig kaum überlebensfähig. Mit der Verknüpfung von Kollegialer Beratung und systemischem Fragen kommt in der Personalentwicklung ein Modell zum Tragen, das das Voneinander-Lernen in den Mittelpunkt stellt und für die Beteiligten oft verblüffende Wirkungen hat.

Für alle Unternehmen (einschließlich öffentlicher Verwaltungen) steigt künftig die Herausforderung, die Potenziale von Mitarbeiterinnen und Mitarbeitern aktiv zu nutzen, ihre Erfahrungsschätze zu heben und den Austausch sowie die größtmögliche Zusammenarbeit organisational zu stärken.

Systemisches Fragen als Schlüsselkompetenz

In Organisationen, Unternehmen und Verwaltungen wird in der Regel zu wenig gefragt. Man ist zu schnell bei der Lösung. Dies ist kein Plädoyer dafür, Entscheidungsprozesse in die Länge zu ziehen. Allerdings sollten vor Entscheidungen, zumal vor wichtigen, generell mehr Fragen gestellt werden, um deutlich zu machen, dass es unterschiedliche Sichtweisen auf eine Problemstellung gibt. »Gute« Fragen zu stellen wird – neben Empathie, Konfliktfähigkeit und strategischem Denken – zu einer neuen Schlüsselkompetenz für Führungskräfte. Wer fragt, führt!

Führungskräfte müssen vor allem Fragen stellen!

Wir sind überzeugt: Nicht nur in kollegialen Beratungen, sondern auch im alltäglichen Führungskontext führt der gezielte und bewusste Einsatz systemischer Fragen zu einem veränderten Selbstverständnis, an Probleme und wichtige Themen heranzugehen. Unternehmen brauchen neue Impulse. Unternehmen, die sich als lernende Organisation verstehen, müssen zunächst lernen, die richtigen Fragen zu stellen. Und Führung heißt auch, dass Führungskräfte mehr und bessere Fragen nicht nur an Dritte, sondern auch an sich selbst richten. Es wird oft vergessen, dass auch Selbstentwicklung eine wichtige Führungsaufgabe ist. Hierzu gehören vor allem Fragen an sich selbst wie:

- Tue ich das Richtige?
- Tue ich das Richtige gut?
- Bin ich aufgeschlossen?
- Lerne ich?
- Bin ich neugierig auf Veränderung?
- Reflektiere ich mein Handeln?
- Kann ich mich steuern?
- Wie gehe ich mit meinen Kräften um?
- Lasse ich meine Meinungen und Positionen infrage stellen?
- Und: Stelle ich mir selbst die richtigen Fragen?

6.8 Mit kollegialer Beratung und systemischem Fragen zu einer neuen Führungskultur im Unternehmen

Systemisch fragen heißt zu akzeptieren, dass es keine allumfassende Realität und Objektivität gibt, sondern dass jede Person ihre eigene Sicht auf die Dinge hat, ihr eigenes Universum an Werten, Einsichten, Fantasien. Und dass das von außen sichtbare Verhalten einer Person immer das Resultat innerer Prozesse ist. Das Ziel von systemischen Fragen ist es, diese Verbindung von äußeren und inneren Prozessen durch Fragen abzubilden und einer (kritischen) Reflexion zugänglich zu machen.

Systemisch Fragen ist mehr als eine Fragetechnik

Während Frage*technik* den handwerklich-technischen Aspekt meint, fokussiert Frage*kompetenz* das gesamte Frageverhalten einer Person aus einer umfassenden Perspektive. Systemische Fragekompetenz ist in diesem Sinne mehr als Fragetechnik. Sie ist die grundsätzliche Haltung, das eigene Kommunikationsverhalten effektiv und zielführend zu gestalten.

Die weitgehende Frageabstinenz bei Führungskräften entspricht einer weitgehend etablierten Anforderung an Führungskräfte, die sich über Aktivität, Zielorientierung und Entscheidungsstärke definiert. Der »Aktive« trifft Aussagen, macht Ansagen, fordert und entscheidet. Wohingegen dem »Fragenden« eher das Image der Unsicherheit und Zögerlichkeit anhaftet.

Neues Führungsverständnis

Führungskraft als Klärungshelfer

Führungskräfte sollten in ihrem Frageverhalten von einer bestimmten Grundhaltung geprägt sein. Generell nimmt die Führungskraft beim systemischen Fragen eher die Rolle eines Klärungshelfers denn die eines Kommissars ein. Sie sollte sich vor jeder Frage bewusst machen, was sie wie erreichen will: beiläufig ein paar Informationen erhalten oder gezielt Reflexionen anregen?

Anschließend muss sie sich überlegen, welche Fragearten (im Sinne von Fragewerkzeuge) ihr hierfür zur Verfügung stehen und welche davon sie im nächsten Moment in welcher Form (Formulierung, Körpersprache, Stimme) anwenden will. Und letztendlich sollte sie sich in ethischer Hinsicht bewusst sein, dass jede Frage einen Eingriff darstellt, der beim Befragten etwas bewirkt. Fragen sind eben mehr als nur Fragen!

Führungskräfte müssen fragen lernen!

Die Kombination von kollegialer Beratung und systemischer Fragetechnik soll auf ein – aus Sicht der Autoren – häufig zu beobachtendes Problem im Selbstverständnis von Führungskräften hinweisen.

Zum einen nehmen sich viele Führungskräfte nach wie vor als isolierte Einzelkämpfer wahr, die alleine gegen die Widrigkeiten des Berufsalltags ankämpfen – quasi als tragische Helden des 20. Jahrhunderts (siehe Neuberger 1988). Hier soll die kollegiale Beratung den Blick für gemeinsame Probleme schärfen und einen Schritt in Richtung kollegiales Führungsverständnis machen.

Ein Paradigmenwechsel wird kommen!

Zum anderen soll ein anstehender Paradigmenwechsel im Verständnis von Führung über die Verbindung mit Fragetechnik erfolgen. Angesichts der Komplexität der Arbeitswelt und der vielfältigen Aufgaben werden Führungskräfte ihre Mitarbeiter immer weniger mit schnellen Tipps und Maßnahmen unterstützen können. Es wird vielmehr darauf ankommen, sich durch eine sorgfältige Analyse der Problem-Szenarios – und hier spielen Fragen *die* zentrale Rolle – einen Überblick über die Situation zu verschaffen und gemeinsam mit dem Mitarbeiter mögliche Lösungen zu entwickeln.

Den Fragen kommt aber hier – gegenüber der landläufigen Meinung, sie würden vor allem der Informationsfindung dienen – eine völlig neue Rolle zu: Sie dienen als Geburtshelferwerkzeug. Das heißt, ihre Anwendung soll im Gegenüber Reflexionsprozesse auslösen, mit deren Hilfe die betreffende Person selbstständig eine Lösung erarbeitet.

Systemische Fragen verändern die Kommunikation

Systemisch fragen verändert die Kommunikation. Wer als Führungskraft viel fragt, handelt tradierten Kommunikationsmustern entgegen – vor allem dann, wenn systemisch gefragt wird. Die gezielte Verwendung systemischer Fragen in einem Gespräch verändert die Rolle des Fragenden in der Situation nachhaltig. In der beruflichen Praxis wird sich der systemisch Fragende in einer neuen Form der Kommunikation und Interaktion erleben. Sie werden es selbst erleben: Wenn Sie nicht nur beginnen, mehr zu fragen, sondern darüber hinaus auch noch »systemische« Fragen stellen, werden Sie in Ihrer Umgebung zunächst einmal Staunen hervorrufen.

Eine systemisch fragende Führungskraft tritt aus der klassischen Interaktionsrolle heraus und gestaltet diese neu. Eine Führungskraft, die zirkulär, hypothetisch und skalierend fragt, wird im beruflichen Kontext aufmerksam registriert, da ihre Fragen aus der Vielzahl der sonst gestellten »normalen« Fragen hervorstechen. Die Reaktion der Kollegen einer Führungskraft, die eine systemische Frage stellt, ist oft Erstaunen (»Wie meinen Sie denn das jetzt?«). Davor sollten Sie aber keine Angst haben. Denn Staunen ist immer eine gute Voraussetzung dafür, dass eingefahrene Kommunikationsmuster verändert werden, unter denen Führungskräfte wie Mitarbeiter in Organisationen oft leiden (z. B. zu lange Besprechungen, Selbstdarstellungen, Diskussionen, die sich im Kreis drehen).

Die Organisation verändern: mit Fragen!

In kollegialen Beratungen ist systemisches Fragen eine tragende Säule des Erfolgs. Denn hier leiten systemische Fragen oft einen Perspektivwechsel ein: Sie ermöglichen Führungskräften eine neue Sicht auf eingefahrene Probleme und bisherige Lösungsstrategien.

Deshalb unser kurzes Fazit: Wenn Sie systemisch fragen und dies mit kollegialer Beratung verbinden, verändern Sie nicht nur Gesprächssituationen, sondern bei konsequenter und dauerhafter Anwendung auch Ihre Organisation und Ihren Bereich. Wen auch immer Sie beraten wollen: Fangen Sie mit guten Fragen an!

Literatur

Systemisches Fragen und Fragen allgemein

Bannik, Frederike (2015). Lösungsfokussierte Fragen. Göttingen: Hogrefe.
De Shazer, Steve. (1999). Der Dreh. Heidelberg: Carl Auer.
Grochowiak, K. & Heiligtag, S. (2002). Die Magie des Fragens. Paderborn: Junfermann.
Hahn, R.-M. (1999). Gut gefragt ist halb gewonnen. Reinbek: Rowohlt.
Marquardt, M. J. (2014). Leading with questions. San Francisco: Jossey-Bass.
Patrzek, A. (2003). Fragekompetenz für Führungskräfte. Leonberg: Rosenberger Fachverlag.
Patrzek, A. (2004). Professionell fragen. In: ManagerSeminare, Heft 06/2004, S. 31–37.
Patrzek, A. (2004). Wer fragt, führt. In: Insight, Heft 03/2004, S. 10–12.
Patrzek, A. (2005). Erfolg im Einstellungsgespräch durch Fragekompetenz. In: Insight, Heft 03/2005, S. 10–12.
Patrzek, A. (2008). Die Macht der Fragen. In: ManagerSeminare, Heft 02/2008, S. 28–34.
Patrzek, A. & Steiner, A. (2008). Fragetechnik – Eine zentrale Herausforderung für den Rechnungshof. Linz: Band V der Schriftenreihe des Oberösterreichischen Landesrechnungshofs.
Patrzek, A. (2009). Wie Ihnen Fragen in Mitarbeitergesprächen nutzen. In: Verkaufsprofi, Heft 04/2009, S. 1–2.
Patrzek, A. (2011). Wer fragt, führt. In: HR, Heft 3/2011, S. 17–19.
Patrzek, A. (2012). Sieben Gebote erfolgreicher Fragekompetenz in der Verwaltung. In: Innovative Verwaltung, Heft 11/2012, S. 29–32.
Patrzek, A. (2013). Wie man führt, so fragt man. In: Akademie, Heft 2/2013, S. 55–66.
Patrzek, A. (2016). Fragetechniken für die Innenrevision. In: Revisionspraktiker, Ausgabe 06–07/2016, S. 120–127.
Patrzek, A. (2015). Systemisches Fragen. Berlin: Springer.
Scholer, S. & Patrzek, A. (2016). Systemisches Fragen. In: WEKA Verlag, Personal 3/2.23, S. 1–24.
Simon, F. B. & Rech-Simon, C. (1999). Zirkuläres Fragen. Heidelberg: Carl Auer.
Strass, U. (2007). Hilfreiches Fragen. Norderstedt: Book on Demand GmbH.

Kollegiale Beratung, Intervision und Supervision

Fatzer, G. (Hrsg.). (1993). Supervision und Beratung. Köln: Edition humanistische Psychologie.
Franz, H. W. & Kopp, R. (2003). Kollegiale Beratung. Bergisch Gladbach, EHP-Verlag.
Lippmann, E. D. (2013). Intervision. Berlin: Springer.
Nowozcin, J. (2012). Kollegiale Beratung in der Führungspraxis. Düsseldorf: Verlag Deutsche Gesellschaft für Personalführung.

Schmid, B., Veith, T. & Weidner, I. (2010). Einführung in die kollegiale Beratung. Heidelberg: Carl Auer.
Scholer, S. (2013). Kollegiale Beratung. In: WEKA Verlag, Personal 3/2.9, S. 1–21.
Scholer, S. (2013). Kollegiale Beratung. In: Wirtschaft & Weiterbildung, Heft 06/2013, S. 24–25.
Scholer, S. (2014). Kollegiale Beratung: Nachhaltig lernen und dabei die Perspektiven wechseln. In: Wirtschaftspsychologie aktuell, Heft 03/2014, S. 30–36.
Tietze, K. O. (2003). Kollegiale Beratung. Reinbek: Rowohlt.

Grundlagenliteratur Systemik

Bateson, G. (1982). Geist und Natur. Eine notwendige Einheit. Frankfurt a. M.: Suhrkamp.
Boos, F. & Mitterer, G. (2014). Einführung in das systemische Management. Heidelberg: Carl Auer.
Maturana, H. R. & Varela, F. J. (1984). Der Baum der Erkenntnis. Bern: Goldmann.
Schlippe, A. v. & Schweitzer, J. (1997). Lehrbuch der systemischen Therapie und Beratung. Göttingen: Vandenhoeck & Ruprecht.
Tomm, K. (2009). Die Fragen des Beobachters. Heidelberg: Carl Auer.

Coaching

Albrecht, C. & Perrin, D. (2013). Zuhören im Coaching. Berlin: Springer.
Hauser, B. (2012): Action Learning. Bonn: ManagerSeminare.
Patrzek, A. (2017). Systemisch Fragen – Anregungen zum Weiterdenken. In: ManagerSeminare, Heft 06–07/2017, Beilage Coaching, S. 15–21.
Radatz, S. (2003). Beratung ohne Ratschlag. Wien: Verlag Systemisches Management.
Rauen, Chr. (Hrsg.) (2000). Handbuch Coaching. Göttingen: Hogrefe.
Rauen, Chr. (Hrsg.) (2007). Coaching-Tools (darin zwei Kapitel zum Thema Fragekompetenz von A. Patrzek). Köln: ManagerSeminare.
Schreyögg, A. (1995). Coaching. Frankfurt a. M.: Campus.
Szabò, P. & Berg, I. K., (2006) Kurz(zeit)coaching mit Langzeitwirkung. Basel: Borgmann.
Wehrle, W. (2012). Die besten 500 Coaching-Fragen. Bonn: ManagerSeminare.
Winkler, F.-W. (Hrsg.) (1995). Supervision und Coaching. Bonn: Deutscher Psychologen Verlag.

Kommunikation allgemein

Amon, I. (1999). Die Macht der Stimme. München: Überreuter.
Bandler, R. & Ginder, J. (1998). Metasprache und Psychotherapie. Paderborn: Junfermann.

Blickhahn, C. (2000). Die sieben Gesprächsförderer. Freiburg i. B.: Herder.
Dietrich, R. (2002). Psycholinguistik. Stuttgart: J. B. Metzler.
Dilts, R. B. (2001). Die Magie der Sprache. Paderborn: Junfermann.
Goleman, D. (1995). Emotionale Intelligenz. München: Hanser.
Neuberger, O. (1990). Miteinander arbeiten – miteinander reden. München: Arbeitswissenschaftliche Veröffentlichungen des Bayerischen Staatsministeriums für Arbeit und Sozialordnung.
O'Conner, J & Seymour, J. (1993). Neurolinguistisches Programmieren. Freiburg i. B.: VAK.
Patrzek, A. (2008). Wer das Sagen hat, sollte reden können. Paderborn: Junfermann.
Patrzek, A. (2012). Überzeugen by the way – Alltagsrhetorik für Führungskräfte. In: ManagerSeminare, Heft 08/2012, S. 40–46.
Patrzek, A. (2013). In der Kürze liegt die Würze. In: Akademie, Heft 4/2013, S. 55–66.
Rebel, G. (1997). Mehr Ausstrahlung durch Körpersprache. München: Gräfe und Unzer.
Schulz v. Thun, F. (2001). Miteinander Reden: Das innere Team und situationsgerechte Kommunikation. Reinbek: Rowohlt.
Schulz v. Thun, F., Ruppel, J. & Stratmann, R. (2001). Miteinander Reden: Kommunikationspsychologie für Führungskräfte. Reinbek: Rowohlt.
Watzlawick, P., Beavin, J. H. & Jackson, D. D. (1990). Menschliche Kommunikation. Bern: Huber.

Personalführung und Team

Antons, K. (1976). Praxis der Gruppendynamik. Göttingen: Hogrefe.
Doppler, K., Fuhrmannn, H., Lebbe-Waschke, B. & Voigt, B. (2005). Unternehmenswandel gegen Widerstände. Frankfurt a. M.: Campus.
Erpenbeck, J. & Sauter, W. (2007). Kompetenzentwicklung im Netz. Köln: Luchterhand.
Heyde, A. v. d. & Linde, B. v. d. (2003). Gesprächstechniken für Führungskräfte. Freiburg i. B.: Haufe.
Kuhlmann, A. & Sauter, W. (2008). Innovative Lernsysteme, Kompetenzentwicklung mit Blended Learning und Social Software. Berlin & Heidelberg: Springer.
Malik, F. (2000). Führen Leisten Leben. Stuttgart: DVA.
Neuberger, O. (1990). Führen und geführt werden. Stuttgart: Enke.
Patrzek, A. (2005). Manager und die Sesamstrasse. In: Personal, Heft 07–08/2005, S. 60.
Patrzek, A. (2009). Trainer sind die Schamanen der Moderne. In: ManagerSeminare, Heft 01/2009, S. 16–17.
Pinnow, D. (2011). Unternehmensorganisation der Zukunft. Erfolgreich durch systemische Führung. Frankfurt a. M.: Campus.
Scholer, S. (2017). Führung im öffentlichen Dienst. Kissing: WEKA Media.
Steiger, T. M. & Lippmann, E. (2013). Handbuch Angewandte Psychologie für Führungskräfte. Berlin: Springer.

Stichwortverzeichnis